职业教育家具设计与制造专业教学资源库建设项目配套教材

家具
设计手绘表达

文麒龙　干　珑　编著

中国轻工业出版社

图书在版编目（CIP）数据

家具设计手绘表达 / 文麒龙，干珑编著. —北京：中国轻工业出版社，2020.8

ISBN 978-7-5184-2961-5

Ⅰ.①家… Ⅱ.①文… ②干… Ⅲ.①家具－设计－绘画技法－职业教育－教材 Ⅳ.①TS664.01

中国版本图书馆CIP数据核字（2020）第060166号

责任编辑：陈　萍　　责任终审：李建华　　整体设计：锋尚设计
策划编辑：陈　萍　　责任校对：晋　洁　　责任监印：张　可

出版发行：中国轻工业出版社（北京东长安街6号，邮编：100740）
印　　刷：北京富诚彩色印刷有限公司
经　　销：各地新华书店
版　　次：2020年8月第1版第1次印刷
开　　本：787×1092　1/16　印张：7
字　　数：160千字
书　　号：ISBN 978-7-5184-2961-5　定价：48.00元
邮购电话：010-65241695
发行电话：010-85119835　传真：85113293
网　　址：http://www.chlip.com.cn
Email：club@chlip.com.cn
如发现图书残缺请与我社邮购联系调换
190692J2X101ZBW

职业教育家具设计与制造专业
教学资源库建设项目配套教材编委会

编委会顾问 ＞ 夏　伟　薛　弘　王忠彬　王　克

专 家 顾 问 ＞ 罗　丹　郝华涛　程　欣　姚美康　张志刚　尹满新　彭　亮　孙　亮　刘晓红

编委会成员 ＞ 干　珑　王荣发　黄嘉琳　王明刚　文麒龙　周湘桃　王永广　孙丙虎　周忠锋　姚爱莹　郝丽宇　罗春丽　夏兴华　张　波　伏　波　杨巍巍　潘质洪　杨中强　王　琼　龙大军　李军伟　翟　艳　刘　谊　戴向东　薛拥军　黄亮彬　胡华锋

前言

家具设计手绘表达是家具产品设计从无形到有形、从思维的想象到物质的具象的必然过程，尤其以设计手绘草图为代表，它是设计创意具体化的基本要求。一个优秀设计师必须具备的两个基本能力就是设计表达能力和创造设计能力，设计表达在家具产品设计创作过程中十分重要。

十余载家具设计专业设计手绘教学，笔者发现多数同类教材要么偏重室内设计手绘技法，要么照搬工业设计手绘技法，脱离了家具设计手绘范畴的规律特点。同时，笔者认为所谓设计技法终究要为设计创意服务，不能只局限于表达技法，需要结合设计创意来探索更高层面的实用价值。因此，借承担职业教育家具设计与制造专业教学资源库的标准课程“家具设计手绘表达”配套教材撰写之际，结合多年教学与培训经验，为初学者提供一些系统的、实用的和易学会的学习方法。本教材主要有以下几点特色：

1. 系统性强

本教材首先从理论观念上系统梳理了家具设计专业手绘的规律特点，让读者摆脱常见的认知误区，理解家具设计手绘表达的重要意义；其次从“点—线—面—形”视角系统梳理了手绘基础技法训练方法，深入浅出，环环相扣；接着通过“临摹和变形”训练，从手绘技法层面过渡衔接到手绘创意层面，将之前的基础技法有效融入创意思路过程的各个阶段中。

2. 实用性高

本教材强调三个家具设计手绘效果准则：先准确，再快速，后美观。围绕这三个准则展开手绘教学，有的放矢，学习者能对所掌握的手绘技法学以致用，把自己的创意想法准确、快速呈现在草图上，边手绘边展开创意思路。同时，在许多重要训练环节中，笔者都会总结出一些通俗易懂的学习要诀。教材中所提供的手绘案例，都来自企业实战项目，非常实用。读者可通过扫描内文对应二维码，进入教学资源库网站，观看笔者录制的相应手绘示范视频讲解，更好配套本教材使用。

3. 易学会

本教材尽量结合初学者的学习心理特点，从易到难，循序渐进。例如，基础技法训练部分，从最浅显的画直线开始讲解，再教如何画好曲线和基本形体，要求在画好线稿的前提下，再开始简单层次的灰度画色学习，最后才引入画多层次的色彩综合技法。这些技法讲解都是有“道”可循，是经过多年教学经验总结出来的训练方法，只要学习者认真照此方法体系练习，融会贯通，就能快速入门，建立能画好的自信心，形成“越练越有感觉，越有感觉就越喜欢画手绘”的良性循环。

本教材主要内容分为三个部分：绪论、上篇和下篇。绪论部分主要针对笔者多年在实践教学中时常出现的一些比较困扰的观念问题，因其广泛性而具有探讨的价值。上篇部分是家具设计表达基础技法，帮助初学者能把眼前对照的事物画得准确形象，能“看着画”。下篇部分是家具设计表达创意思路，则教会读者如何“想着画”，能把脑海中的想法画在纸张上，通过手绘的方式让思路从模糊到清晰一步步呈现，实现设计手绘的终极价值。

最后，十分感谢顺德职业技术学院设计学院家具艺术设计专业的同事和学生，感谢你们的支持和帮助，并提供本书中的部分作品图例；同时，也非常感谢已在企业设计部门担任要职的2009届陈水术同学和2012届陈国记同学，无私地为本书提供了一些重要的家具设计手绘实战项目案例。

文麒龙
2020年2月

目录

绪论

第一节　家具设计手绘的几个认识误区

误区一：无用论

设计软件先进快捷，有想法就用电脑建模渲染直观明了，画手绘太浪费时间没必要！

难道设计手绘真的无用了吗?

析疑：设计手绘或设计软件，都是设计创意表现的技术手段之一，各有其优劣之处。手绘表达的优势在于快速、便捷、随时、随地地记录眼睛所看或演化脑海所想。尤其前期想法还处在模糊阶段，电脑设计软件受到硬件条件、操作技巧、熟练程度等因素制约，不利于大量想法的发散性构思。通常，多种设计方案经过手绘草图多次反复完善较为清晰后，再通过电脑设计软件进行精细化表现，就能事半功倍。

误区二：天分论

设计手绘没有美术天赋怎么练也练不来的！

难道设计手绘真的必须要具备美术天分吗?

析疑：具备一定的美术天赋，设计手绘确实比较容易入门，找到感觉。其实美术天赋是一种天生对“美”的感知敏锐性及创造能力，人人自有之，区别只不过是某个时间阶段体现得强弱不同而已，每个人都能通过一定的科学训练，启发出更多美术天赋和潜能。况且，设计手绘的学习训练是有方法体系和套路的，是循序渐进训练的，比起艺术手绘，设计手绘更加容易上手，甚至没有美术基础的人也能起步，只要坚持按照合理的方法、套路多加练习，就能少走弯路。

误区三：炫耀论

设计手绘表现效果必须要大气上档次，够“炫”才能衬托自己出类拔萃的本领！

难道设计手绘真的是用来炫耀自己设计本领吗?

析疑：优秀设计师在画前期创意草图时，为了快速推演创意思路过程，线条画面感往往较为随性潦草些，到后期创意想法比较清晰了，手绘的画面才更有表现力。很多初学者对设计手绘过程认识不清楚，只看到别人后期方案的手绘画面效果，以为这才是学习标准，盲目效仿他人手绘画面复杂的表现风格，忽视了运用简单手绘技法对创意思路的记录和激发。

误区四：自通论

设计手绘不就是多画么，埋头自个多练了就无师自通了！

难道设计手绘只靠练就能无师自通了吗?

析疑：多画多练确实对设计手绘必不可少。但是，了解并掌握正确的方法和技巧，借鉴优秀者的经验，往往能事半功倍。很多初学者对设计手绘缺乏正确的方法和观念的指导，练习过程中不与他人交流互评，只顾自己埋头苦练，自然要走不少弯路。

误区五：哑火论

平时过于侧重临摹手绘的练习，当自己做设计项目却总是找不到感觉。

为什么一做设计就会哑火呢?

析疑：临摹手绘只是一种技巧，对照着实物或照片或他人的手绘作品来描画，不需自己思考其创意内容和创意过程，因为这些都是现成的。而当自己真正做设计方案却是另一回事，这时需要寻找好的创意切入点，利用手绘技法逐步展开创意思路的演化，一步步推导出接近最优解的设计方案，这一切思维过程都是靠自己来把握，所以手绘画得好看，并不代表你有多好的创意思维能力。但是手绘画得好，若加上正确的创新思维训练，的确可以有效快速提升你的创意思维能力。

第二节　工业设计和室内设计手绘对家具设计手绘的意义

现代家具设计，既有产品设计的本质特性，又包含空间陈设的艺术内涵，可以说是工业设计和室内设计的交叉学科。当前工业设计和室内设计专业手绘技法已有成熟的教学方法体系，而家具设计手绘则不够完善，相关的教学训练只能参照这两个专业教学方法来展开。因此，我们要理解完整的家具设计手绘技法特点，可以先了解这两个专业的手绘技法特点和局限性，就能明白其对家具设计手绘的意义。

一、工业设计专业手绘技法的特点和局限性

1. 工业设计专业手绘案例分析

案例分析一

如图0-1所示，工业设计草图要对不同家具方案进行不同视角的表达，创意前期构思比较粗略，图面效果不需精细，主要抓住想法的演变和延伸。

图0-1 椅子设计手绘

案例分析二

如图0-2所示，工业设计手绘讲究尺寸比例和细节的层层推敲。对成熟的方案充分关注整体和细节的关系，对产品局部重要的结构关系深入分析，甚至运用爆炸图技法来图解部件的装配关系。

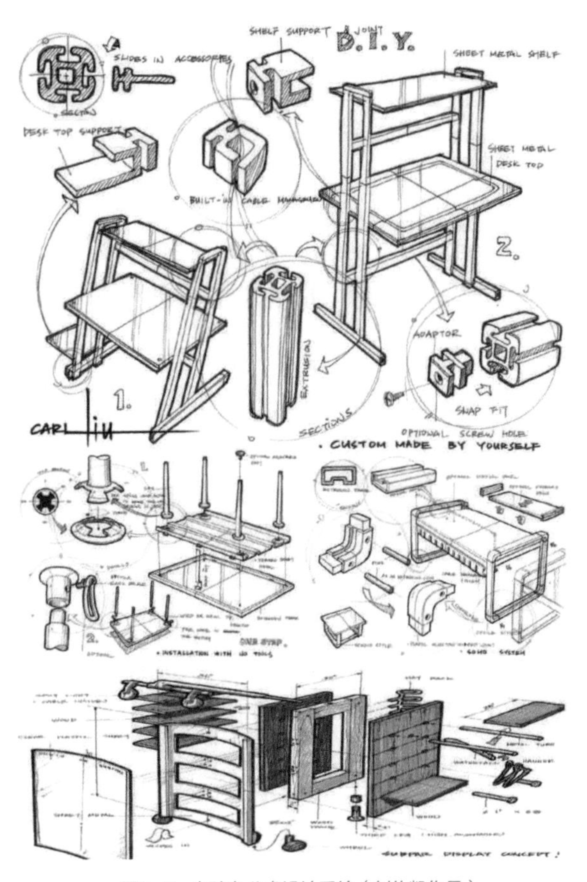

图0-2 电脑办公桌设计手绘（刘传凯作品）

2. 工业设计专业手绘技法特点

工业设计专业手绘偏重理性写实，完整表达产品的造型细节、功能、结构、材质等要素的关系。技法多以线条快速表现为主，明暗调子和色彩质感为辅。线条要求快速、流畅、肯定和轻重变化，尤其大量运用“结构线”技法来表现透视关系和型面关系。

3. 工业设计专业手绘技法局限性

以“系列化组合”家具来营造整体的空间陈设氛围存在一定的局限性，过于理性且生硬写实，缺乏空间虚实搭配的艺术化表现手法。若只关注家具的“产品使用功能”，忽视了家具作为室内主体的“空间陈设艺术功能”，就会顾此失彼。

二、室内设计专业手绘技法的特点和局限性

1. 室内设计专业手绘案例分析

案例分析一

如图0-3所示，由于室内环境中涉及的要素众多，如室内建筑构件再优化、各类家具与饰品的陈设、灯光氛围营造等。因此，室内设计手绘技法要合理处置各部分要素在空间上的分割组合关系，讲究物体与人的尺度比例关系及其所处空间层次的虚实变化。

图0-3 餐厅室内设计手绘示范（崔笑声作品）

案例分析二

如图0-4所示，室内设计手绘在“家具”产品表达层面上，大多以一种较为整体形象和概括性的技法描绘为主。

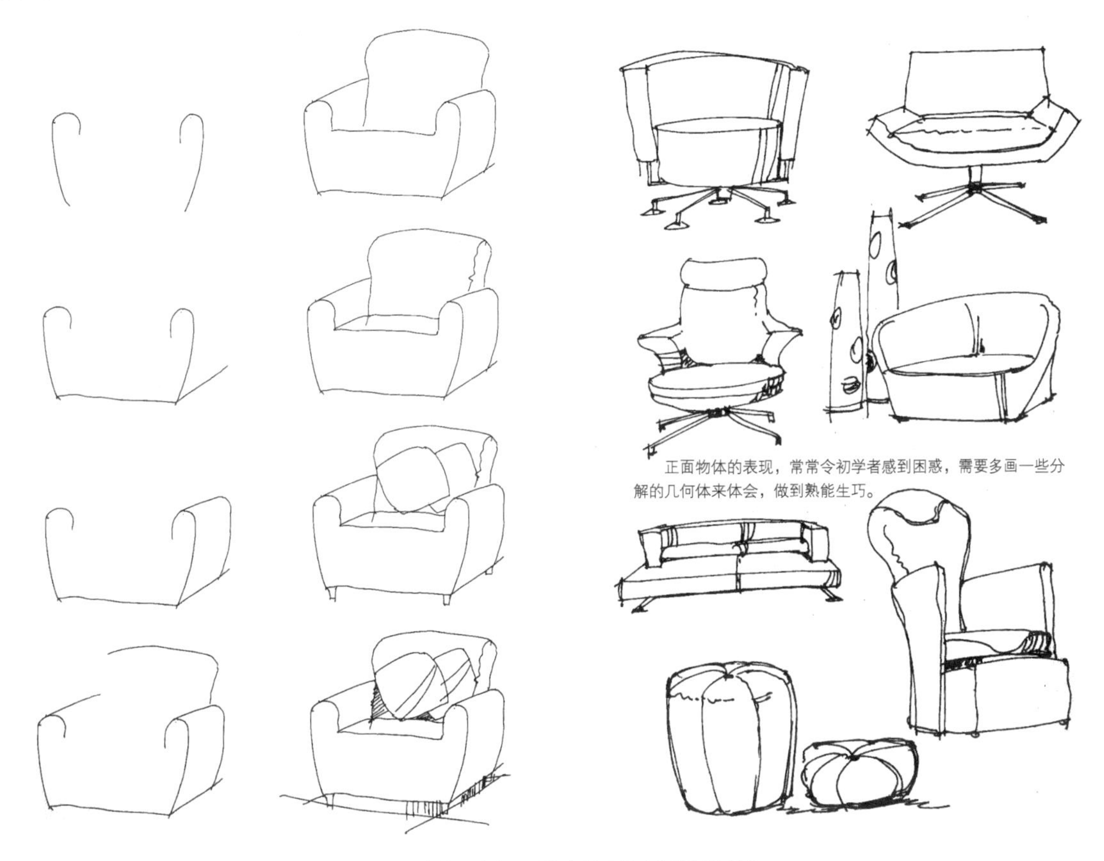

正面物体的表现，常常令初学者感到困惑，需要多画一些分解的几何体来体会，做到熟能生巧。

图0-4　室内设计家具手绘案例示范（裴爱群作品）

2. 室内设计专业手绘技法特点

对家具产品的手绘表达，整体偏重空间感性艺术氛围的营造，突出虚实对比，以概括性描绘为主。技法上一般不会如工业设计手绘那样准确表现，“结构线”技法极少使用，整体比例大致合理即可，细节表现较为笼统概括。线条技法的种类多样，可以是速度偏慢的颤线，也可以是速度偏快的流畅肯定线条。

3. 室内设计专业手绘技法局限性

室内设计手绘技法对家具产品设计的表现缺乏足够的“准确性”和“细节分析”，过于艺术感性的描绘无法准确体现家具部件的结构关系，因此，无法有效推进家具产品创新设计的逻辑过程。

三、家具设计专业手绘技法规律特点

家具设计专业手绘技法主要有四个规律特点。

规律特点一：家具设计手绘的“表现主体”，一般离不开“单体家具”和“系列家具”两个表现主体。

如图0-5所示，单体家具设计相对适合工业设计专业的手绘技法，各个单体家具的手绘方案，从不同的视角对整体和细节进行设计构思，材料、结构、工艺及比例等考虑清楚，甚至对局部造型细节进行放大表现。

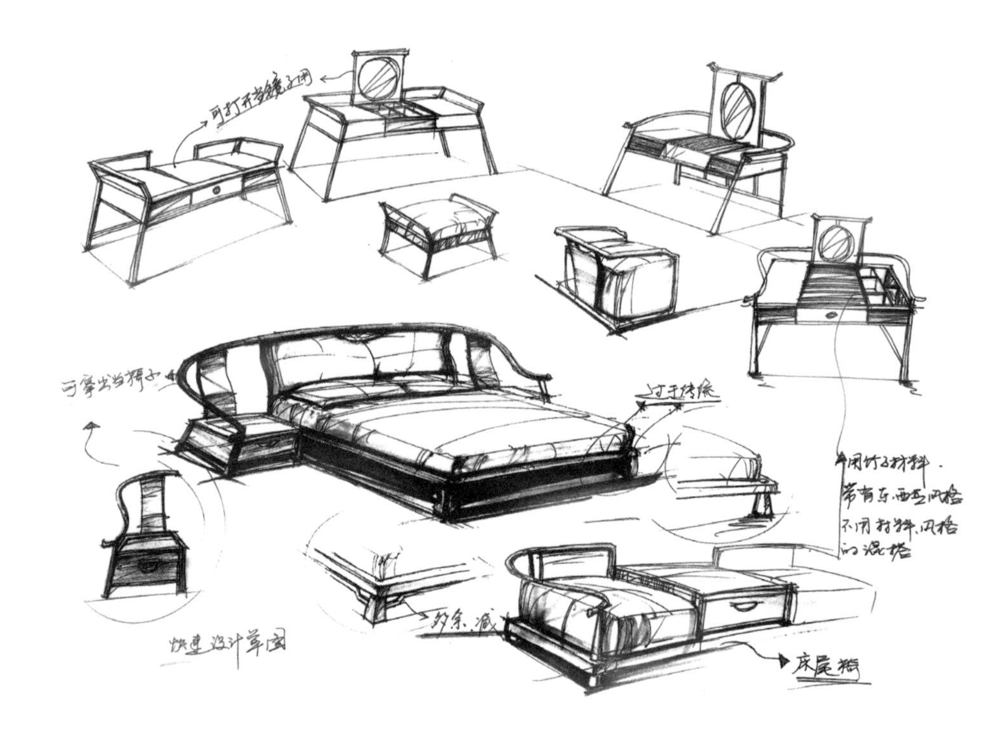

图0-5　新中式实木系列家具设计手绘

如图0-6所示，当进行系列家具设计时，应结合室内设计专业的手绘技法，从空间陈设艺术的虚实变化来整体表现，但是，各单体家具之间的尺度比例应该比室内设计手绘更严谨和准确。

图0-6　新中式软体系列家具设计手绘

规律特点二：家具设计手绘的“构思过程”，一般要遵循“先多后少”“先粗后精”和“先快后慢”三个原则。

如图0-7所示，好的创意方案通常都不是无故突然产生的，需要经过前期大量的手绘草图过程，运用粗略概括的线条，快速记录脑海瞬间的想法。然后不断催化和捕捉各种可能性思路，在筛选出合适的草图方案后，再进行更精确的细节设计和深化表现。

规律特点三：家具设计手绘的“技法语言”，一般为以线面为主、明暗色质为辅。

快速简单的“线面”是家具设计手绘最为合理有效的技法语言。线既是最基础的也是最有表现力的，可以根据个人的习惯和理解，经过大量的刻苦训练，就能运用线面语言准确、流畅、自如地表达出内心的造型之美。而明暗调子和色彩质感在手绘中不必刻意追求，只要多留心观察和借鉴优秀的手绘作品，掌握基本的明暗色彩规律，通过合适的工具，如彩色铅笔或马克笔，快速表达出整体效果即可。

规律特点四：家具设计手绘的“效果标准”，一般要求“准”“快”“美”为递进标准。

“准”即透视比例要准确，“快”即节奏效率要快速，“美”即画面整体要美观。先要“准”，画不准就不会有后面的“快”和“美”，透视比例准确是家具设计手绘的核心要求；“快”是家具设计手绘的内在要求，好的手绘节奏感保证了好的手绘效率，才能在一定的时间内产生较多的创意方案，如图0-7所示；“美”是家具设计手绘后期的重要标准，手绘创意效果让人赏心悦目，更容易获取认同，如图0-5和图0-6所示，而熟练的技法则是“美”的保证。这三个标准有递进关系，不可颠倒，否则就会舍本逐末。

图0-7　家具设计前期创意手绘草图

第三节　家具设计手绘的作用

不同能力的家具设计师，在不同的实际应用情形中，对设计手绘的应用定位有着完全不同的认知。设计手绘的实际应用程度是十分灵活和弹性的，脱离了具体的实际情形及立场轻易下结论，都是主观的错位评判。笔者总结了以下四种家具设计手绘实际应用情形及对策，供大家参考。

1. 因人而异

就设计师能力而言，有三个层次区分。

（1）低层次。初学者和画不好又想提升技法的设计师，这要从基础训练抓起，重点先把内心想法画准确、明白。

（2）中层次。能画得准又快的设计师，就要在如何用设计手绘激发更多想法上下功夫，同时表现手法要更熟练、更精确。

（3）高层次。又准又快又生动，表现技法精通的设计师，关注的应该是手绘构思的创意数量和质量，能快速随心所欲表达出心中所想，从工艺、材料、结构、功能和成本上用设计手绘来完善构思，甚至对非家具的形态边临摹借鉴边提炼出新的创意思路。

2. 因时而异

就设计项目不同阶段需求而言，有三个阶段区分。

（1）设计项目手绘前期。粗略草图为主，服从发散性构思需要，草图表现自由轻松，先不拘泥于画面效果，手绘要能快速准确捕捉住心里的构思，并且记录下来，再反过来刺激新的变化形式，由线到面，先解决造型整体的比例问题。

（2）设计项目中期。深化完善为主，用手绘草图对细节、形态、比例反复推敲演变，结合工艺、材料、结构、功能和成本等，让创意更合理可行。

（3）设计项目后期。精确手绘草图或效果图为主，进一步明确更为精确和细致的比例尺度、材质色彩搭配等，将前面所有的大量设计构思工作艺术性地整体呈现出来。当然，视具体的情况，该阶段也可用电脑设计软件制作效果图来代替精确手绘草图，本质上都是要求较完整地展示一个相对成熟的设计方案，能打动客户，引发共鸣，最终得到认可。

3. 因家具品类而异

针对不同家具品类的设计需求而言，有三种应用程度区分。

（1）对手绘表现要求不高的家具品类。如板式家具设计，手绘构思草图大多是表现主立面的比例分割关系、局部的连接结构关系以及套系家具之间（如书柜与书桌、衣柜和床、上下橱柜等）的比例和体量关系。一旦草图构思清楚，可用电脑CAD或建模渲染更快捷、更高效。

（2）中等应用程度的家具品类。如实木家具设计和户外藤编家具设计，要通过手绘进行多角度推敲，细节也要边画边想，中前期方案也多以手绘形式来提交、讨论，而中后期则以电脑效果图为主。

（3）全过程对设计手绘要求较高的家具品类。如软体家具设计和室内竹藤编织家具设计，前、中、后期都对手绘依赖程度较高，因为熟练的手绘表现相对电脑建模渲染而言，作业效率更高，手绘方案一旦被确认，基本就能实物放样进行验证了。

4. 因交流对象而异

最后，还要结合三种不同人群的交流需求进行区分。

（1）项目组内设计师之间交流。因为大家专业知识相通，方案的手绘草图可以相对简洁明晰，能说明想法的线稿粗略草图往往就足够了，也便于较短时间内相互激发，产生更多的创意思路。

（2）与非设计师的工艺人员和生产人员交流。此时就要画得更精确一些了，如多角度透视图，较规范的视图及尺寸，甚至必要的文字标注和说明。

（3）与完全无设计和工艺知识的人群交流。如销售人员、消费者，就要更加形象、完整的表现手法，配合细节图、场景图和色彩质感等。手绘效果图或电脑效果图都是可以选择的方式。

通过上述分析说明，我们要视具体定位来认识手绘在家具设计实际应用中的作用，既不忽视，也不夸大，恰到好处、合理即可。不要盲目追求手绘技法和画面效果，而做出无新意的设计方案；也不要忽视手绘技法的训练，而只会单一使用电脑设计软件进行低效率的设计构思工作，力求避免走极端，才能正确提升自己的家具设计水平和工作效率。

第四节　家具设计手绘表达的意义

1. 快速表现设计师的原始构思

原始构思是设计师对设计创意从无到有的、最前期的、相对模糊的一种脑海印象，很多细节都有不确定性，这时候一般都是从整体开始逐步展开，设计手绘可以随时、随意地快速勾画，把脑海中瞬间的想法及时记录下来，一步步进行推敲发展，如图0-8所示。

2. 有效锻炼设计师的观察能力

设计师的观察能力若光靠眼睛观看和大脑记忆来训练，这是比较低效的，也是比较困难的。一方面，日后要面对的观察对象将越来越丰富繁杂，每个对象的细节也有所不同；另一方面，光靠眼睛观看分析，往往只能捕捉到一些表象的浅显信息，即使很深入观看，不采用手绘的方式进行分析，也无法形成长久的记忆效果和细节体会。如图0-9所示，手绘方式能发现你观察不到的地方，从而丰富和提升你的观察角度和深度。

3. 促进设计师“心”“眼”“手”三者合一

若用电脑的组成来形象比喻，“心”是脑海的抽象映像存储及处理创意构思想法，类似于信息中央处理器和硬盘；“眼”即观察和感应，是“心”指挥“手”的桥梁和渠道，类似于信息感应器和信息收集器；而“手”是实现从抽象信息到具象表现的执行手段，类似于显示器和打印机。三者合一且快速处理各种创意信息的能力，是能否成为优秀设计师的重要指标之一。归纳后如图0-10所示。

4. 产生设计心智训练的长期效应——积少成多，潜移默化

心智，即心态和智力。良好的设计心智就是“设计”的理论观念、健康心态及思维模式等的良性集合。

随着设计学习和历练的增加，你平时所见、所闻、所做的那些设计点滴，会有效地在你创新思想中形

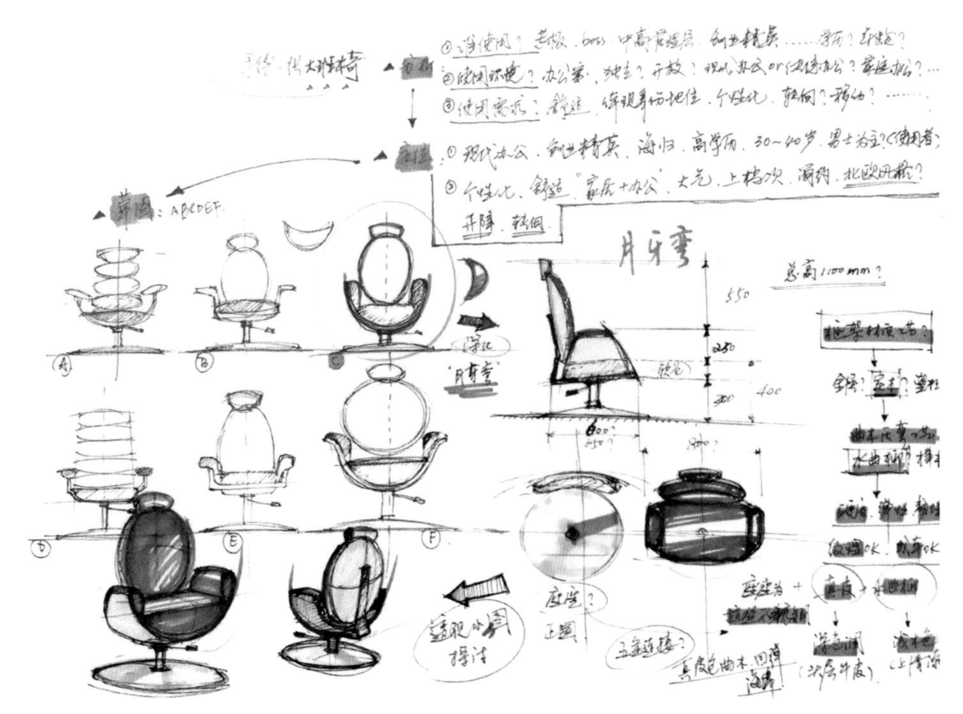

图0-8　大班椅设计前期原始构思草图（文麒龙作品）

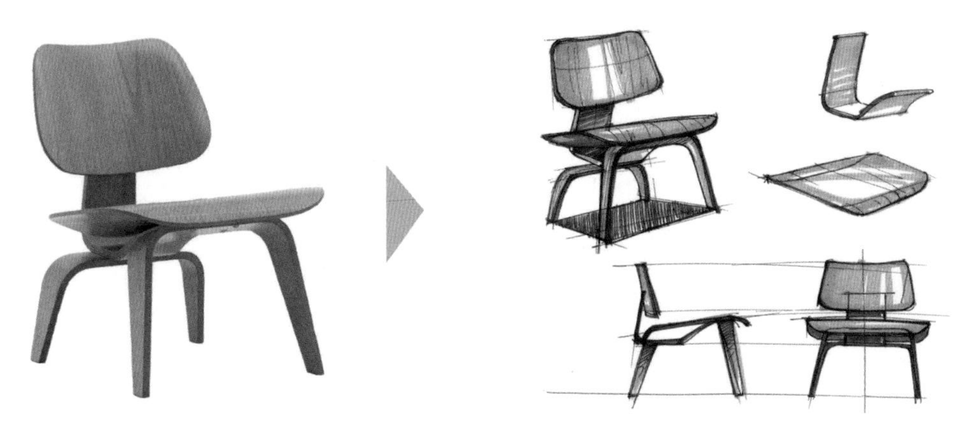

图0-9　休闲椅手绘临摹（文麒龙作品）

指抽象信息（即原始构思）的存储及处理中心

指观察和感应过程，是“心”指挥“手”的桥梁

是实现从抽象信息到具象表现的执行手段

三者合一，是成为优秀设计师的重要指标之一

图0-10　设计师“心”“眼”“手”三者合一

成一个良性的上升循环和积累，让你逐渐变得成熟、有效、快速地解决各种设计疑难杂症。设计手绘在这方面正是很好的方法之一。

5. 有效推进设计创意思路的整合

设计创意思路是设计想法从无到有、从有到细、从细到精的一个展开过程，如图0-11所示。好的设计绝对不是一下子就能做出来的，哪怕你有了很好的设计灵感，也要把它画出来进行优化完善，把方方面面的因素进行整合形成最终的设计方案，这是逃避不了的过程。只不过有些人在这个过程中，各有各的门道和习惯。不否定其他的方法，但是，设计手绘表达在推进设计创意思路方面确实有着非常强大的作用。

然而，家具设计手绘也不是万能的，单靠手绘表达技能不能解决所有的家具设计创意问题，任何的技能方法都有其局限性和不足之处，所以必须把设计手绘表达与其他各种知识点有效融合到一个大的知识架构中，才能发挥其应有的作用。

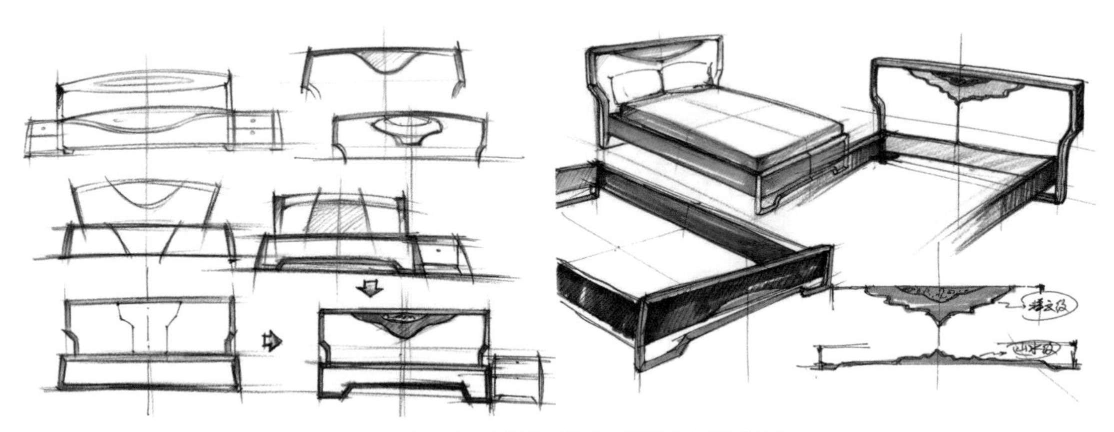

图0-11 新中式实木床设计手绘原创草图（文麒龙作品）

作业与思考

1. 对照“家具设计手绘几个认识误区”，请查找自己是否有类似情况。
2. 通过对工业设计与室内设计专业手绘技法特点和局限性的对比学习，能否从中真正理解家具设计手绘的特点?
3. 简述家具设计手绘在实际应用中的作用。
4. 简述家具设计手绘的五个重要意义，并说明对自己有哪些启发。

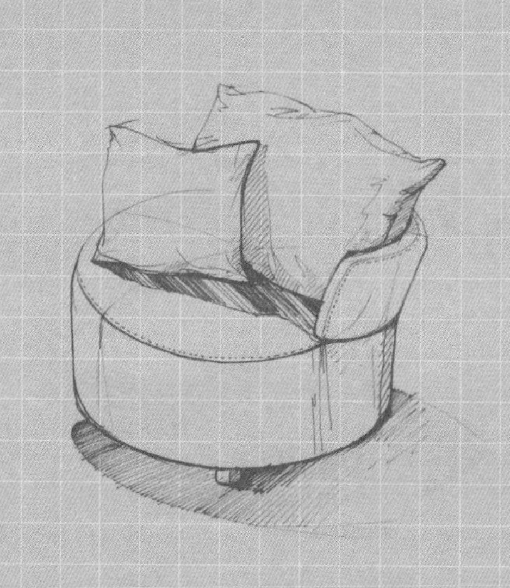

上　篇

家具设计手绘表达基础技法

理解家具设计手绘表达的三个效果准则

第一节　家具设计结构素描是家具设计表达的重要基础

一、家具设计结构素描的内涵

家具设计结构素描内涵的理论要点，如图1-1所示。

家具设计结构素描，以家具实体的比例尺度、透视规律、三维空间观念以及形体的内部结构剖析等方面为重点，训练绘制家具设计预想图的能力，画面以透视和结构剖析的准确性为主要目的。

理 论 要 点

结构素描所训练的能力，奠定了设计手绘学习的重要基础。

结构素描对三维空间的想象和推导、对设计手绘进行创意思路的推演有重要影响。

设计手绘表达是设计结构素描的专业进阶形式。

图1-1　家具设计结构素描内涵的理论要点

家具设计结构素描是运用素描来表达设计构思的，随着现代设计的普及应用，作为设计的“草图”，设计结构素描逐渐形成自己的体系。同时，我们要明白，与传统的艺术绘画的素描是不一样的概念，我们也学素描，但素描是为设计所服务的，设计结构素描不像传统艺术的那种感性的美及随意。

设计结构素描是以线条为主要表现手段，可不施明暗，没有光影变化或也可适当穿插一些明暗关系，而强调突出物象的结构特征。它除了画出看得见的外观物象，还画出了看不见的内在连贯的结构以及外部轮廓。设计结构素描除了培养造型能力外，最终目的在于训练设计者用立体的思维去看待和理解设计对象，如图1-2所示。

例如，画一个家具产品时，首先要对该产品进行全方位观察，甚至把它拆开来研究，这样就会对该产品有一个立体的空间概念。只有对所有的面进行观察，才能理解其结构，从而能够达到离开具体物象，从各种设想角度去描绘和把握对象或者进行重新的设计组合，如图1-3所示，这就是结构素描的训练目的。这种学习过程，不受光影变化的影响，只与结构特征有关。

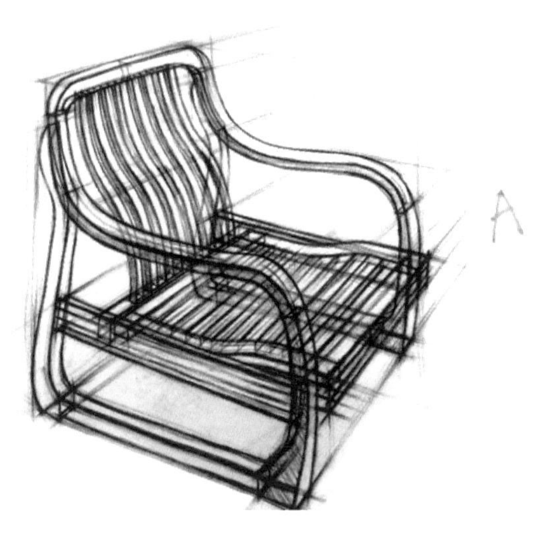

图1-2　实木单人沙发设计结构素描

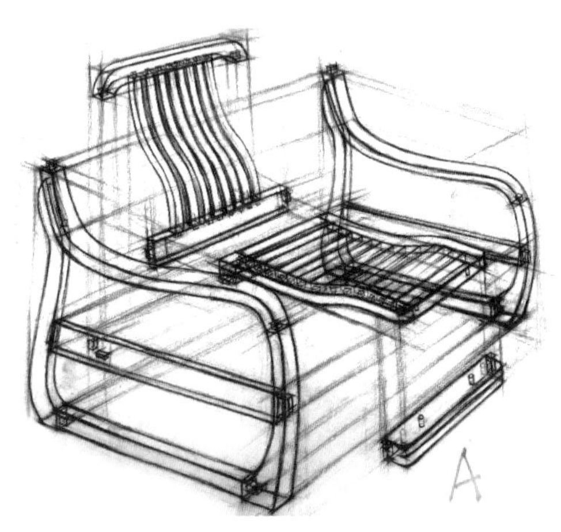

图1-3　实木单人沙发设计结构素描爆炸图画法

二、家具设计结构素描的作用

家具设计是一项有目标的造型活动，涉及众多知识及运用。家具设计结构素描通过训练脑、眼、手等，把形态的理性、功能要素表达清楚，使设计者具有敏锐的洞察力、综合的分析能力、准确的表现力、抽象的思维能力，如图1-4所示。

设计结构素描对手绘初学者的作用有以下4点：

1. 训练综合表现能力

设计结构素描通过设计师对物体的观察、分析、理解、表现，把物质形态转化表达出来。

2. 形态审美能力

设计结构素描在研究形态的构成功能的结构同时，探索形态构成美的特征，将构成美的结构、造型功能等审美综合分析，提取美的元素，进行美的表现。

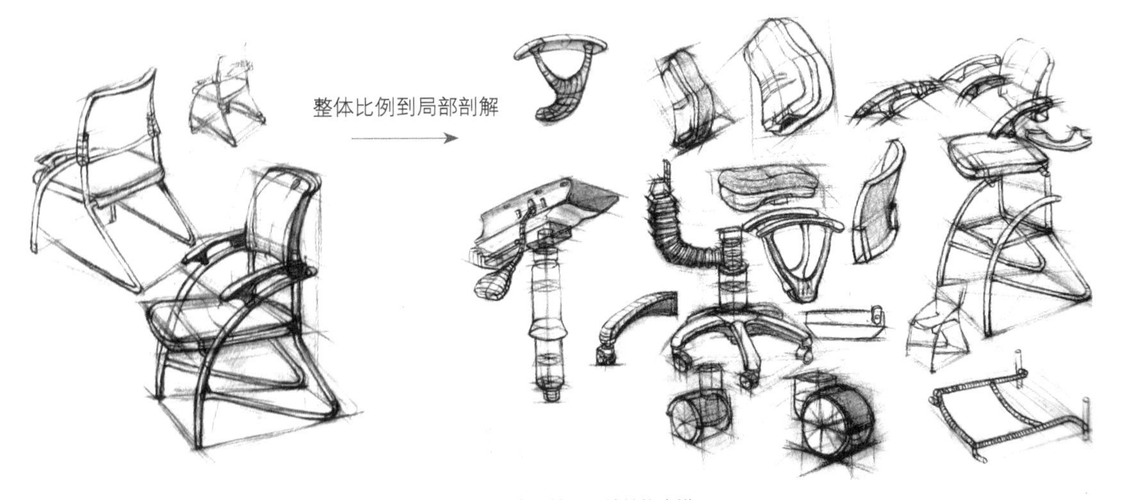

图1-4　会议椅子设计结构素描

3. 创造能力

创造能力是一切艺术、创意产生的保障。设计结构素描从设计的角度运用设计语言形式，将设计构想表现出来，并通过意象构成的内容激发出设计师的创造力，将形象思维和逻辑思维结合起来。

4. 快速表现能力

设计结构素描将设计构思表现在平面上，进行三维的表现和结构的分解，较全面地反映设计，传达信息，作为以后完成效果图或模型的基础。

三、家具设计结构素描与设计手绘表达的关系

在家具设计过程中，设计手绘表达是设计师收集形象资料、表现造型创意、交流设计方案的语言和手段。家具设计结构素描是现代设计手绘的训练基础，是培养设计师形象思维和表现能力的有效方法，是认识形态、创新形态的重要途径。家具设计结构素描与设计手绘表达的关系主要有以下4点。

（1）结构素描训练的主要目的与设计手绘训练是一致的，从某种意义上说，结构素描甚至也算是设计手绘的其中一种表现形式。

（2）结构素描所训练的能力奠定了设计手绘的基础。

（3）结构素描对三维空间的想象和推导，对后期的设计手绘进行创意思路的推演有重要影响。

（4）设计手绘表达是设计结构素描的专业进阶形式，二者很多性质是相通的；区别在于设计手绘要求更加快速、简练，而且以创意思路为根本目的来展开。

设计结构素描练好以后，可以采取设计速写的形式，逐步过渡到设计手绘草图。

第二节　家具设计手绘的三个效果准则

一、家具设计手绘表达三个效果准则的内涵

家具设计手绘表达三个效果准则：准、快、美。“准”是透视比例要准确，“快”是节奏效率要快速，“美”是画面整体要美观。

1. “准”是家具设计手绘的核心要求

先要“准”，工业设计手绘技法对准确标准普遍适合家具设计手绘，如图1-5所示。

“准”即透视、比例要准确。如果因为透视和比例不准确，导致圆形画成椭圆，矩形画成梯形，正方体画成长方体，这样不但创意表达的信息不准确，还会造成客户的误解，完全失去了设计手绘的意义。

2. “快”是家具设计手绘的内在要求

好的手绘节奏感保证了较高的手绘效率，才能在一定的时间内产生较多的创意方案，如图1-6所示。

“快”即节奏效率要快速。这里的设计手绘要快，不是盲目的快，是相对的概念，快是建立在准的前提下的，画不准速度快又有何意义呢?

图1-5　办公椅子设计手绘表达（透视比例准确）

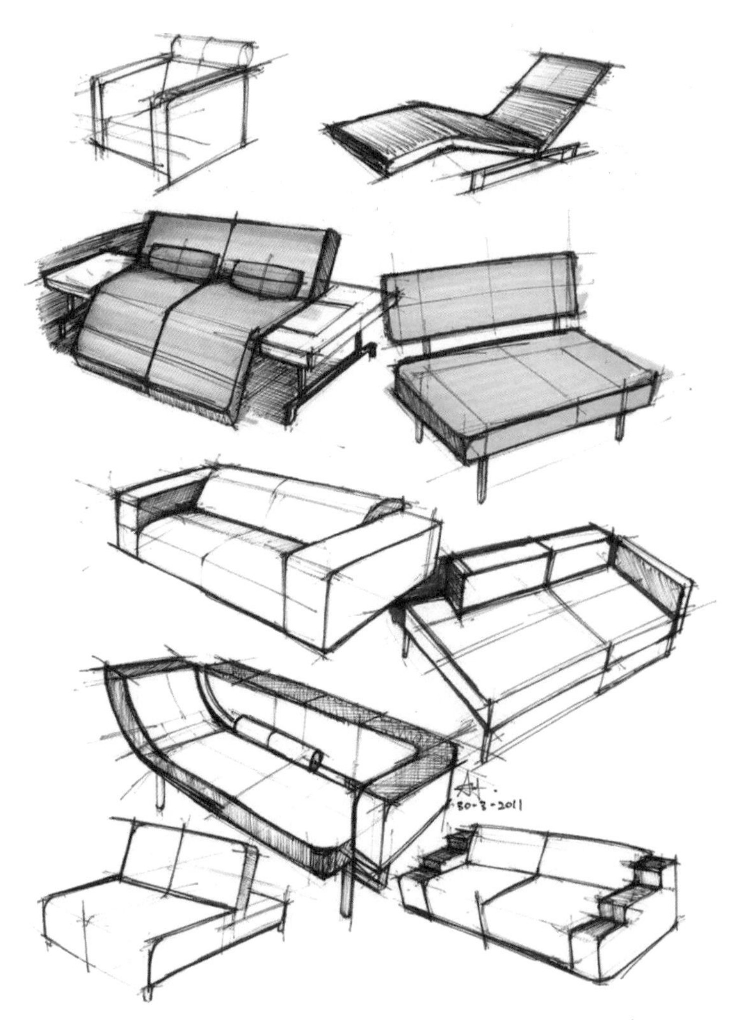

图1-6　多种坐具设计手绘表达（笔触果断，思路清晰，节奏明快）

一方面，毕竟每个设计项目都是有时间限制的，就不会产生足够多设计方案来讨论；另一方面，创意思路一定会受到严重阻碍和影响，非常不利于发散性思维在设计手绘中发挥。

3. “美”是家具设计手绘后期的重要标准

手绘创意效果让人赏心悦目，更容易获取认同，而熟练技法则是“美”的保证。“美”即画面整体要美观。对于初学者而言，往往容易迷失在追求画面极致“美”效果上，却失去了快速的节奏效率，导致训练效果不理想。如图1-7所示，在准确、快速的基础上，该作品画面整体效果美观，赏心悦目。

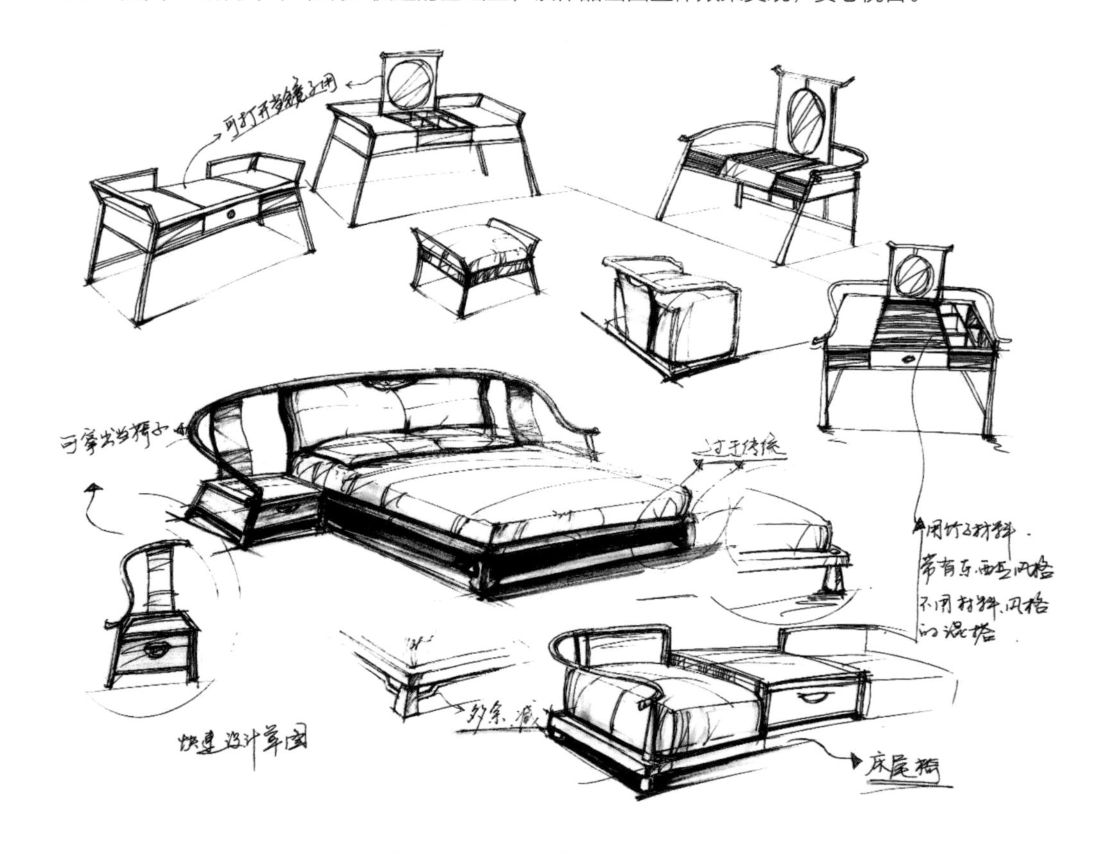

图1-7 新中式实木系列家具设计手绘

二、家具设计手绘表达效果准则的递进关系

家具设计手绘表达三个效果标准的递进关系即先准，再快，后美，如图1-8所示。不可颠倒，否则就会舍本逐末。

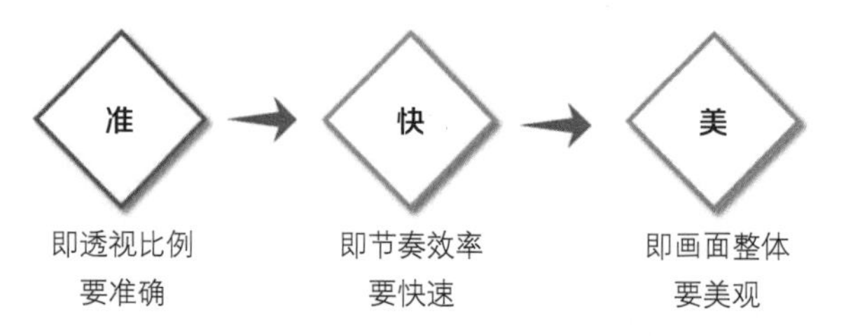

图1-8 家具设计手绘表达三个效果标准的递进关系

作业与思考

1. 是否真正理解“家具设计结构素描”对学好家具设计手绘表达的基础性意义？
2. 简述“家具设计结构素描”“家具设计速写”“家具设计手绘草图”三者的联系和区别。
3. 为什么“准确性”是家具设计手绘表达的核心要求？
4. 为什么家具设计手绘表达还要讲究“快速性”？
5. 为什么“先准、后快、再美”的递进关系不能颠倒？

掌握常用工具及其用法特点

第一节 画线用笔

设计手绘画线用笔的种类主要有签字笔、勾线笔、圆珠笔、普通铅笔，这些都可以用来进行画线训练。

一、签字笔

签字笔最常见，随处可买到，如图2-1所示。

1. 优点

方便购买，价格便宜，出水流畅，线条舒展。

2. 缺点

线条粗细不好控制，笔触深浅、轻重更难把握。初学者一般不适合使用签字笔来画手绘底稿，一旦画错了就很难修改。

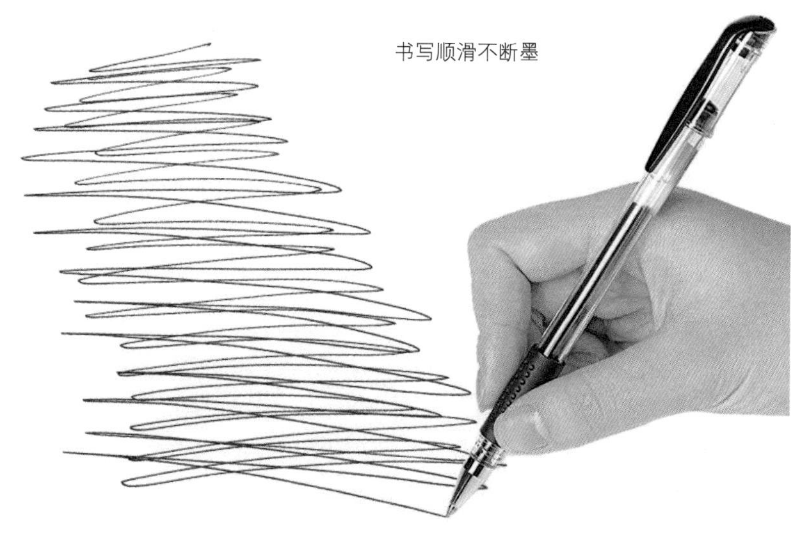

图2-1 常见签字笔

二、勾线笔

勾线笔相对专业，如图2-2所示，常见的品牌是樱花或三菱。

1. 优点

笔尖规格丰富，最细为0.03mm，最粗为3mm，出水流畅，线条舒展，适合用于打底稿。

2. 缺点

购买不方便，单支价格偏高，需要不同笔尖规格搭配使用，笔触的深浅、轻重不易把握，较熟练的设计师可用细笔尖勾线笔画手绘线稿。

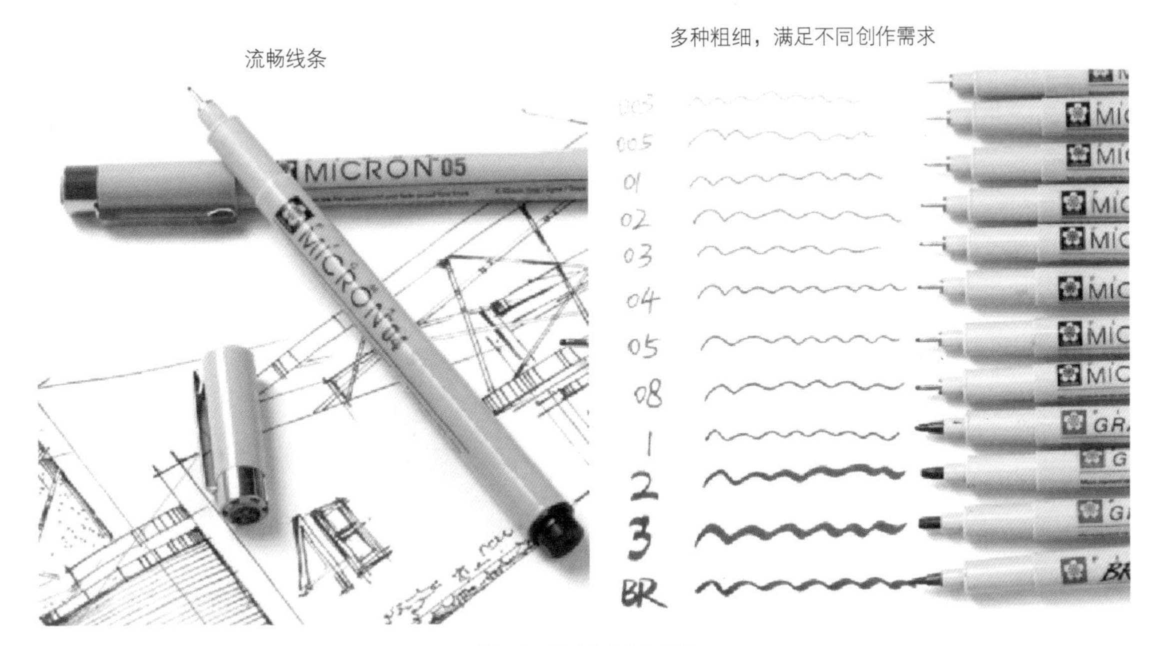

图2-2 相对专业的勾线笔

三、圆珠笔

圆珠笔经济实惠，获取容易，是很多设计师喜欢用来画线的工具，如图2-3所示。

1. 优点

方便购买，价格便宜，出水流畅，线条舒展，笔触深浅、轻重程度易于把握，适合平时手绘画线练习。

2. 缺点

不适合慢速绘图，使用需要一定的速度，画面容易脏，尤其与酒精性马克笔搭配使用的时候会被溶解部分笔触。

图2-3　圆珠笔

四、普通铅笔

铅笔的种类很多，平时无须专业的铅笔来画线训练，普通铅笔就足够，如图2-4所示。

1．优点

方便购买，价格便宜，线条舒展，笔触深浅、轻重程度最易把握，可用橡皮擦拭，最适合画线稿使用。另外，搭配彩色铅笔使用效果也不错。

2．缺点

画面更容易脏，线条偏浅，与马克笔搭配使用不太合适，尤其后期的手绘草图。

图2-4　普通铅笔

第二节 画色用笔

家具设计手绘画色用笔因人而异，各有优劣。目前对于初学者推荐常用的两种画色用笔：马克笔和彩色铅笔。

一、马克笔

马克笔分为两种：一种是无味水性马克笔，另外一种是酒精性马克笔，如图2-5所示，后者比较常用，笔触过渡自然，易于上手。

1. 优点

整体效果呈现迅速，层次丰富，色彩跳跃，立体效果强，是当前许多职业设计师喜欢和习惯使用的画色用笔。

2. 缺点

每支马克笔只有固定一种色彩，而且马克笔之间的颜色不能相互覆盖，所以一般都要比较多数量的马克笔才好搭配使用。另外，马克笔也不能擦拭的，一旦画错了就很难修改，这也是很多初学者对使用马克笔比较头疼之处。

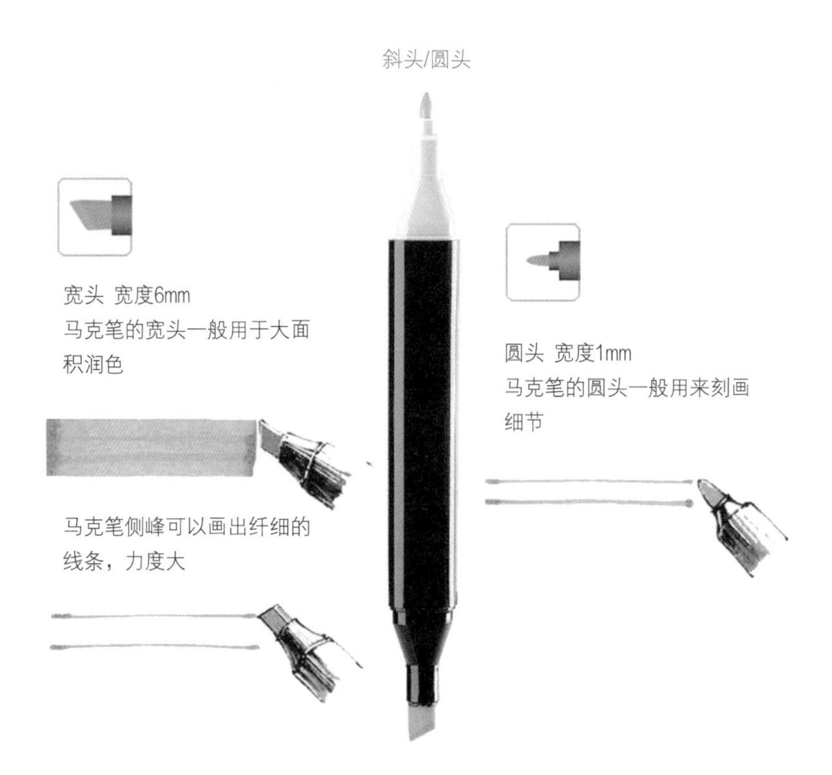
斜头/圆头
宽头 宽度6mm
马克笔的宽头一般用于大面积润色
圆头 宽度1mm
马克笔的圆头一般用来刻画细节
马克笔侧峰可以画出纤细的线条，力度大

图2-5 酒精性马克笔

二、彩色铅笔

彩色铅笔分为两种：一种是水溶性的，用湿润的小毛笔在笔迹上画，能有水彩画面的质感；另外一种是非水溶性的，适合干画法，比水溶性便宜，较为常用，如图2-6所示。

1. 优点

彩色铅笔兼有普通铅笔的一般优点，可以用橡皮适度擦拭，可用于打底稿，色彩柔和、明快。与马克笔搭配使用可以快速表现质量较高的画面效果。

2. 缺点

质地偏软，难以勾画细节，容易出现磨画的现象。

图2-6　彩色铅笔

第三节　画图用纸

目前，设计手绘画图用纸常用的主要有两种：复印纸和牛皮纸。

一、复印纸

平时设计手绘画图用的基本是白色的复印纸，如图2-7所示，一些彩色的复印纸也能画出较好的底色画法效果。

图2-7　复印纸上画设计手绘

1. 优点

便宜，随意获取，常用A3或A4。无论对线稿、马克笔或彩色铅笔进行快速手绘都合适，100g/m^{2}以上的纸张质量效果会更好。

2. 缺点

容易磨损，尤其100g/m^{2}以下的纸张质量。用马克笔后，反面一般会渗透，不宜两面使用。由于表面比较光滑，不宜做层次过多的手绘细节表现。

二、牛皮纸

牛皮纸是坚韧、耐水的包装用纸，呈棕黄色，用途很广，价格便宜，因此市面上有许多牛皮纸的手绘笔记本，用其画手绘别具一格，如图2-8所示。

1. 优点

质地偏硬，韧性好，纸张一般比较厚，耐磨、耐擦拭，笔触手感好，偏好于慢速手绘的画法。常用底色法来画图，可搭配灰度马克笔和彩色铅笔使用。

2. 缺点

纸张偏黄，不太适合一些色彩偏冷色调的产品手绘，另外，彩色马克笔画色会失真。

图2-8　牛皮纸手绘本

作业与思考

1. 家具设计手绘表达常用的画线用笔、画色用笔和画图用纸一般有哪些？各自的优缺点是什么？
2. 按照以下建议要求，自行准备好设计手绘练习的工具。

   画线用笔：0.5mm签字笔1支；勾线笔0.1，0.2，0.5mm规格各2支，0.8mm规格1支；圆珠笔和2B普通铅笔各1支。

   画色用笔：灰度酒精性马克笔WG1、WG2、WG3、CG1、CG2、CG3各3支以上（浅灰马克笔使用的频率比较高），WG5、WG8、CG5、CG8各2支；彩色酒精性马克笔50～80支（暖色系马克笔多准备一些，实木类家具手绘较频繁些）；非水溶性彩色铅笔24色或36色套装一件。

   画图用纸：A4、100g/m^{2}或A4、120g/m^{2}白色复印纸一包（500张）；牛皮纸手绘本不做要求。

第三章 掌握画好线的基本功

第一节 画线的意义

点成线，线生面，面变形，快速、简单的“线面”是最为合理有效的技法语言。

线既是基础的，也是最有表现力的。无论是工业设计手绘的线条还是室内设计手绘的线条，都是可以根据个人的习惯和理解，经过大量的刻苦训练，摸索出最适合自己的工具，就能运用线、面语言准确、流畅、自如地表达出造型之美，如图3-1所示。

相对而言，明暗调子和色彩质感在家具设计手绘中不必刻意追求，只要多留心观察和借鉴优秀的手绘作品，掌握好基本的明暗色彩规律，通过合适的工具，如彩色铅笔或马克笔，快速表达出整体效果即可。因此，线条是家具设计手绘的主要表现手段，也是家具设计师必须突破和下功夫的要点。

图3-1 家具线稿临摹训练

第二节　画不好线的九个误区

1. 画线贪快

在手感未训练到一定程度的时候，很多初学者喜欢模仿高手的视频进行快速勾画，觉得那样画很潇洒，导致线条方向、长短或轻重等都不准确，表现出的效果自然就乱七八糟。快是相对的，不能为了快而快，必须在熟练的基础上，同时对对象心里有数后，慢慢找准适合自己的线条节奏才可以逐步加速，否则欲速则不达。

2. 画线过慢

老担心自己画不好，下笔犹豫，每画一条线都慢慢磨几遍，总想把每条线都画完美了才画后面的线条，或者过于依赖橡皮，每画几下就用橡皮擦拭重新画。过慢不但易导致线条非常不流畅、不舒展，而且也浪费时间，脑海中瞬间即逝的想法也无法及时捕捉、记录下来。

3. 画线方向失控

线条的方向控制是基础。如果画线不能把握好方向，往往连造型的整体性都无法准确体现。必须下功夫多练，手腕要放松，体会笔触的节奏，可以先从较短的直线条开始练习，等有把握后再练习长直线和曲线。

4. 画线无从起笔

无论你是看着还是想着某个造型，都无从起笔的话，说明你要么心态过于拘谨，患得患失，要么比较缺乏对形态透视规律分析的能力。要解决这个问题，应该多临摹简单的线稿草图，可以轻轻地打一些底稿和辅助线，尤其可以先从透视方向的辅助线开始起笔，一般不会有错。

5. 画线不断来回反复

对于初学者一般都会有这种情况，也有合理之处，但是经过一段时间训练后，还经常不断反复地在一根线条上磨来磨去，这就是不好的习惯，说明你画线不够果断，下笔之前没思考就贸然去画，或者手总不听使唤，画不准，又不甘心。建议你对自己画线反复次数的要求严格一些，养成每画一根线条用最少反复次数的习惯，能一笔到位的就不要画第二笔，能两笔到位的就不要画第三笔。

6. 画线头尾不相连

一个完整造型的手绘表现，往往要用一个相对封闭的轮廓线条来规定其大小和形状。如果线条老是头尾不相连，就会导致轮廓线不封闭，线、面的转折关系交代不明确，造型完整性就让人感觉很随意，很含糊。所以画线宁可有点出头，都不要头尾不相连。

7. 画线断断续续

断断续续就是画线分段数过多，不连贯，不流畅。这种情况一般都是因为手腕生硬，对笔触的控制不到位所致。建议你从短线开始练习，先定好起点和终点，注意连贯节奏，两点之间尽可能一笔到位画过去，慢慢克服由于内心不确定性而产生的恐惧感。

8. 画线轻重不分

画线如果力度过于平均，不讲究轻重的话，就给人感觉线条很机械化和呆板，而线条的轻重需要经过一定量的训练后才能找到感觉。但是也不能过于依赖感性，其实如何表现形体线条的轻重也是有道理、有讲究的。什么地方该轻？什么地方该重？这些都要用透视关系和明暗关系来分析的，不是盲目去画，明白其中的逻辑道理，才能事半功倍。

9. 不画或不重视辅助线

对于设计手绘，辅助线是非常重要的元素之一。而很多人往往对此忽视，觉得多此一举，这是个错误的观念。

设计手绘的辅助线，一般包括透视辅助线、定位辅助线和结构辅助线三种。

（1）透视辅助线。依据透视角度，起笔时用力度较轻的辅助线条大致确定三维透视框架。

（2）定位辅助线。在确定的三维透视框架内，用轻线条逐步推敲出透视造型的长、宽、高比例关系。

（3）结构辅助线。确定好透视造型的长、宽、高比例后，用轻线条逐步推敲出内部型面转折关系。

设计手绘是要有思考分析过程的，不能纯粹地依赖所谓感觉。通过上述三种辅助线的逐步推敲，可以有效地帮助我们思考每一步该怎么画，从而有力保障造型表达的准确性和生动性。

如何画好辅助线

扫描二维码，观看“如何画好辅助线”示范视频。

第三节 画好线的练习方法

一、画线技巧

画线有如下6个技巧：

（1）线的方向由点来决定，所以先练好两点一直线，三点一弧线。

（2）线条的练习要设定限制条件，不要盲目练习。

（3）画线的时候，纸张是可以旋转的。

（4）幅面不要过大、过长，在以手腕为圆周的可控范围内。

（5）手腕放轻松，坐姿要端正，精神要专注。

（6）先轻后重，先慢后快，先思考再画。

线条的节奏感和速度控制要自己多关注、多总结。通过大量练习和总结，培养出自己的手感。线条是否准确、流畅，是否恰到好处，手感是非常重要的因素之一，而获得好手感要做到：心、眼、手合一，勤练出手感。

二、画线的练习方法

直线训练

1. 直线练习

主要的方法有：画随意两点一线、画相互垂直交线、画等距的平行线、画斜排线等，如图3-2所示。

开始训练的时候手速可以放慢些，线条要连贯流畅，方向要准确，训练过程中逐步体会画直线的手感。

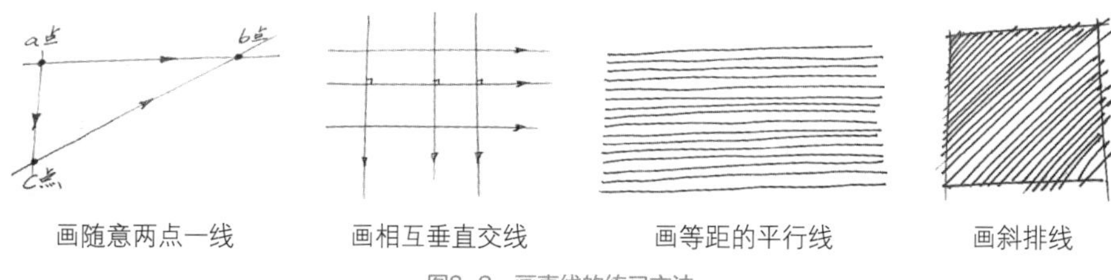

画随意两点一线　　画相互垂直交线　　画等距的平行线　　画斜排线

图3-2　画直线的练习方法

2. 曲线练习

（1）随手画正圆训练。开始训练的时候手速可以放慢些，可以在同一个正圆中重复多画几次，逐步找到节奏感。画圆时的幅面大小要适中，画得过大没必要，画得过小又没难度，达不到训练的要求。随着练习的深入，每次都给自己更严格的要求：尽量1~2笔就能快速画出一个首尾闭合的正圆，圆必须要正，不是歪歪斜斜的样子，如图3-3所示。

曲线训练（上）

曲线训练（下）

（2）正方形内切正圆训练。正方形内切正圆训练比较有挑战性，但对初学者提高画线条的流畅性、轨迹把控度、方向准度都有极大帮助。具体的训练步骤如图3-4所示。

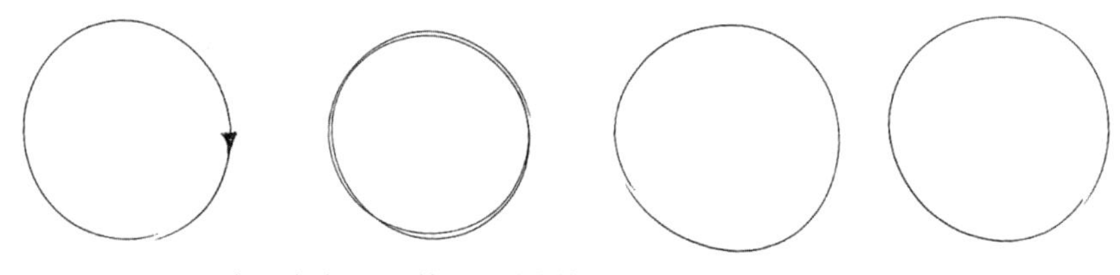

大量随手画正圆练习，对培养自己画好曲线有很大帮助

图3-3　练习随手画正圆

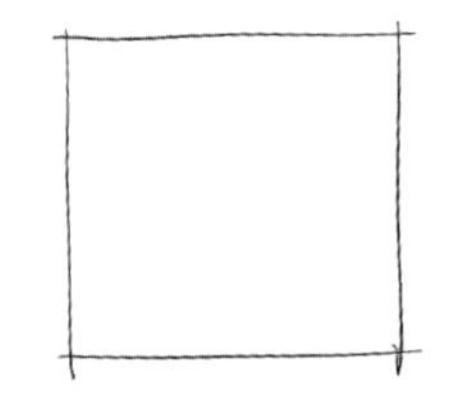

先随手画出一个规范的正方形

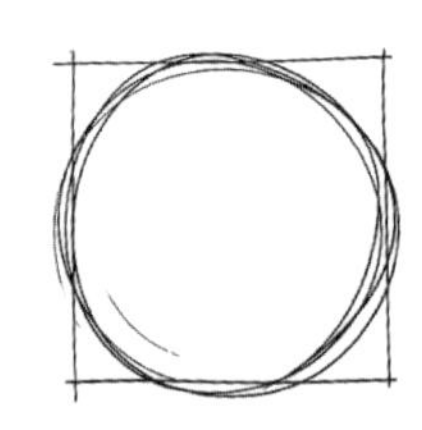

要大胆、细心画内切正圆，开始练习会有些来回重复

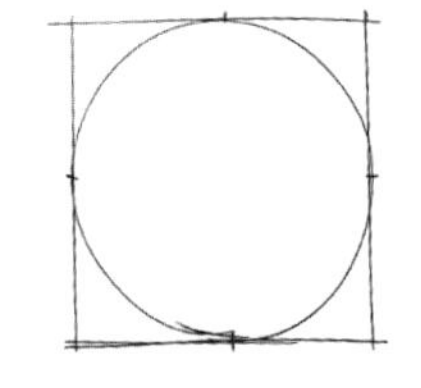

随着练习熟练，力求一笔到位

图3-4　正方形内切正圆训练方法

作业与思考

1. 是否真正理解画好线条对今后画好家具设计手绘的重要意义？
2. 对照“画不好线的九个误区”，找到自己画不好线条的原因，并思考如何纠正。
3. 为什么家具设计手绘要多画辅助线？辅助线的类型有哪些？
4. 依据画线六个技巧和画线的练习方法，在本课程学习期间，养成每天进行大量的直线、曲线随手练习的习惯，实践过程中要不断总结自己画不好线的原因所在，科学纠正之前的画线陋习。

掌握基础形体训练方法

第一节　家具设计手绘表达的透视要诀

一、透视的要诀

家具设计手绘表达的透视要诀：近大远小，近高远低，近实远虚。

物体的空间感是指物体在人们的视觉中反映出的近大远小、近实远虚的视觉感受，使人们能够获得立体的、深远的空间感觉。

形体透视现象一般是近大远小，它是根据光学和数学的原理，在平面上用线条来表示物体的空间位置、轮廓和明暗投影的科学；而空气透视则是研究和表现空间距离对于物体的色彩及明显程度所起的作用。

空气透视现象一般是近处物象清晰，色彩明朗强烈，远处物象模糊，色彩柔和。透视现象就是要画出物体的立体感，而不只是平面的效果，分平面透视和成角透视，可以理解为近大远小，近高远低，近实远虚。主要是要有一个这样的意识：世间所有的东西都是立体的，就算一张纸也不例外，这样画出来的东西才会活灵活现，形象生动。

二、家具设计手绘的透视

1. 家具设计手绘与两点透视

家具设计手绘基本采用两点透视为主。因为日常家具的尺度大小和造型特点等，在表现立体预想图中，一般不太适合采用一点透视和三点透视，否则容易给观者以错觉，甚至失真，而且对初学者来说也不容易掌握。因此，用两点透视来画家具设计手绘最容易出效果：能充分表现出家具造型的主、立面的关系，如图4-1所示。

透视角度的选择应遵循两点透视的法则（此处不详述透视基础原理，有需要的读者可以自行查阅读相关书籍或网络资源），从能充分体现家具造型的主、立面的视角，来确定三维透视框架。透视角度的选择决定了后面透视的方向，非常重要。

2. 两点透视常见的问题

以最简单、最有代表性的正方体为例，总结两点透视常见的三个问题：透视不足、透视过度和透视角度怪异，如图4-2所示。

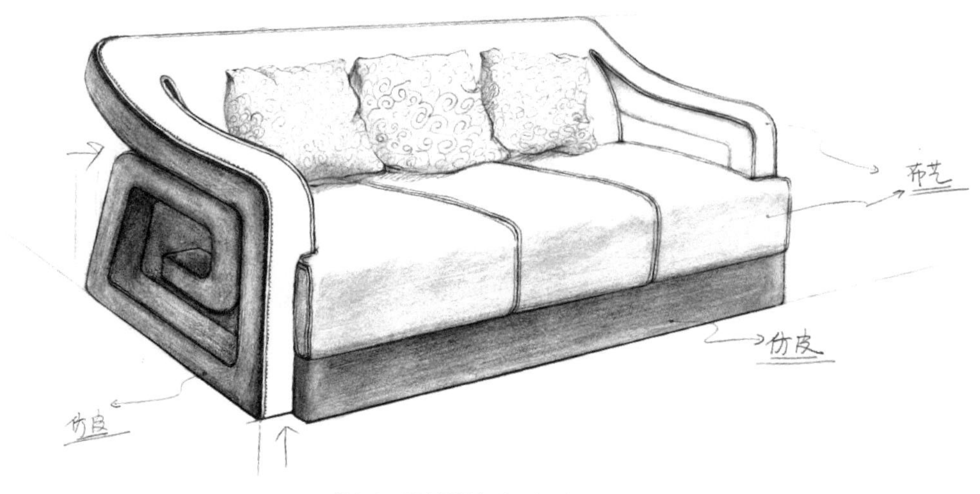

图4-1　两点透视有利于表现透视关系

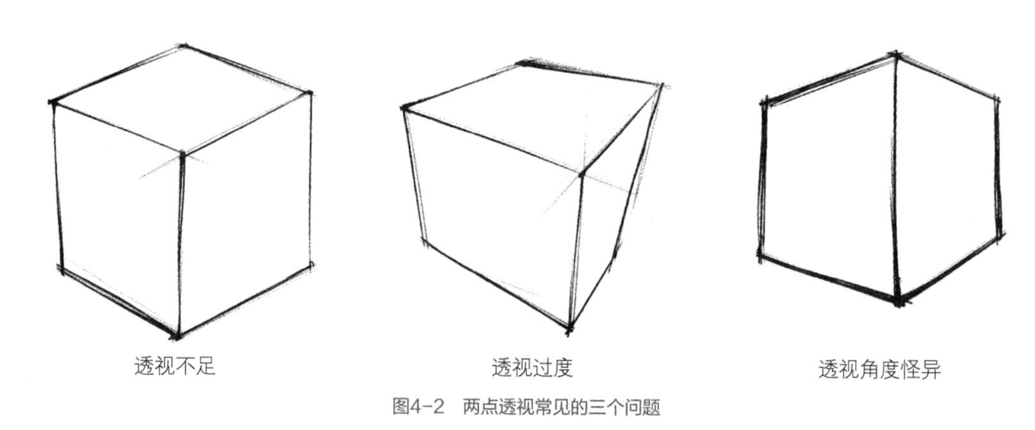

图4-2　两点透视常见的三个问题

（1）透视不足。没有表现出近大远小的变化关系。

（2）透视过度。近大远小的变化过于夸张，过犹不及。

（3）透视角度怪异。选择的视角最好能表现出三个立面的比例关系，否则会觉得很怪异。

两点透视中经常出现上述三种问题，主要有两个原因：一是对两点透视的基础知识理解不透，只凭个人大概感觉来抓透视，不会从整体来审视透视关系；二是不画或不重视辅助线，画图过程不规范，无法及时纠正透视问题。

第二节　基础形体训练的意义

一、基础形体的种类

1. 直线为主的基础形体

直线为主的基础形体主要有正方体、长方体、棱椎体、梯形体等。

2. 曲直结合的基础形体

曲直结合的基础形体主要有圆柱体、圆锥体、圆台体等。

3. 曲线为主的基础形体

曲线为主的基础形体主要有球体、椭球体、圆环体等。

在以上三种基础形体中，又以正方体、圆柱体、球体三个为主要基础形体，如图4-3所示。

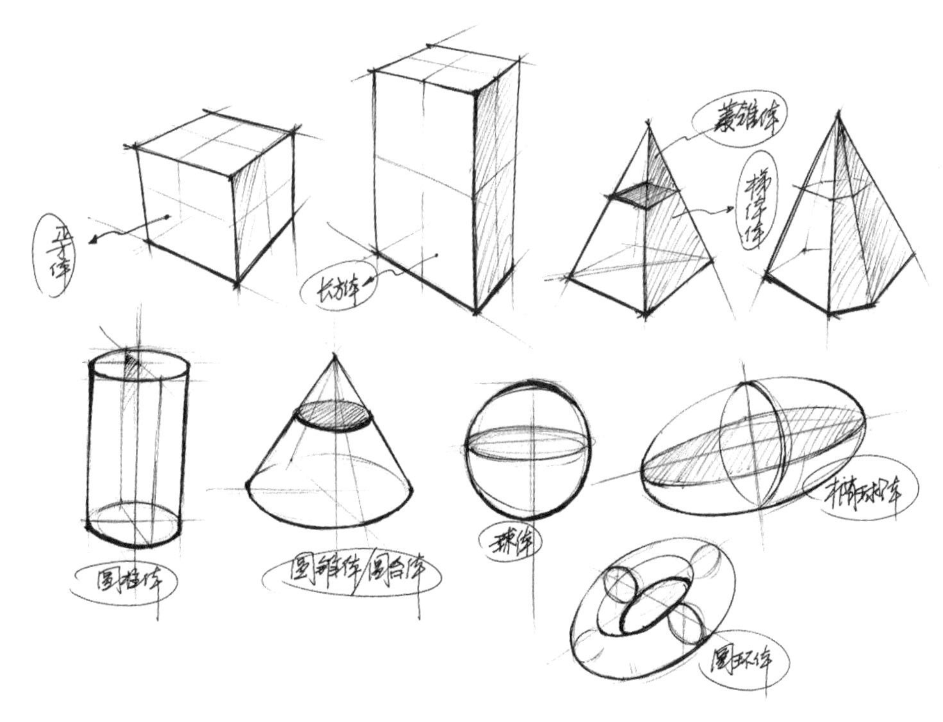

图4-3　各种透视手绘的基础形体

二、进行基础形体训练的意义

进行基础形体手绘训练的意义主要有两点：

（1）之前的画线训练大多是二维平面的，现在手绘训练从平面到立体转换，基础形体是最容易上手的练习对象。

（2）万物造型，特别是人造的产品，都可以分解、简化为一种或几种基础形体的组合。基础形体练好了，对以后复杂的造型易于分解归纳，也能快速画好。

三、基础形体训练的三个关键点

1. 透视关系

首先要选对视角，不要选极端的、怪异的视角，其次运用透视辅助线确定好透视框架，近大远小的变化要合理、合适，左右两个维度的消失点（灭点）要基本处于视平线上。

2. 比例关系

我们常讲的“比例”，就是形体对象的长、宽、高在三维空间中的对比关系，用手绘表达就要结合透视的大小关系来整体表现。透视和比例把握得准确与否，决定了设计手绘中形体立体表现得准确与否，如图4-4所示。

3. 形体的规律特点

形体的规律特点，就是该形体的各个局部之间，以及局部与整体之间的空间几何特点。例如垂直、平行、等边、等距、等分、平分、对称、对齐等。如图4-4所示长方体，其形体规律是所有的边线相互垂直，长、宽、高存在一定比例的变化，透视图中最多只能看到三个立面。

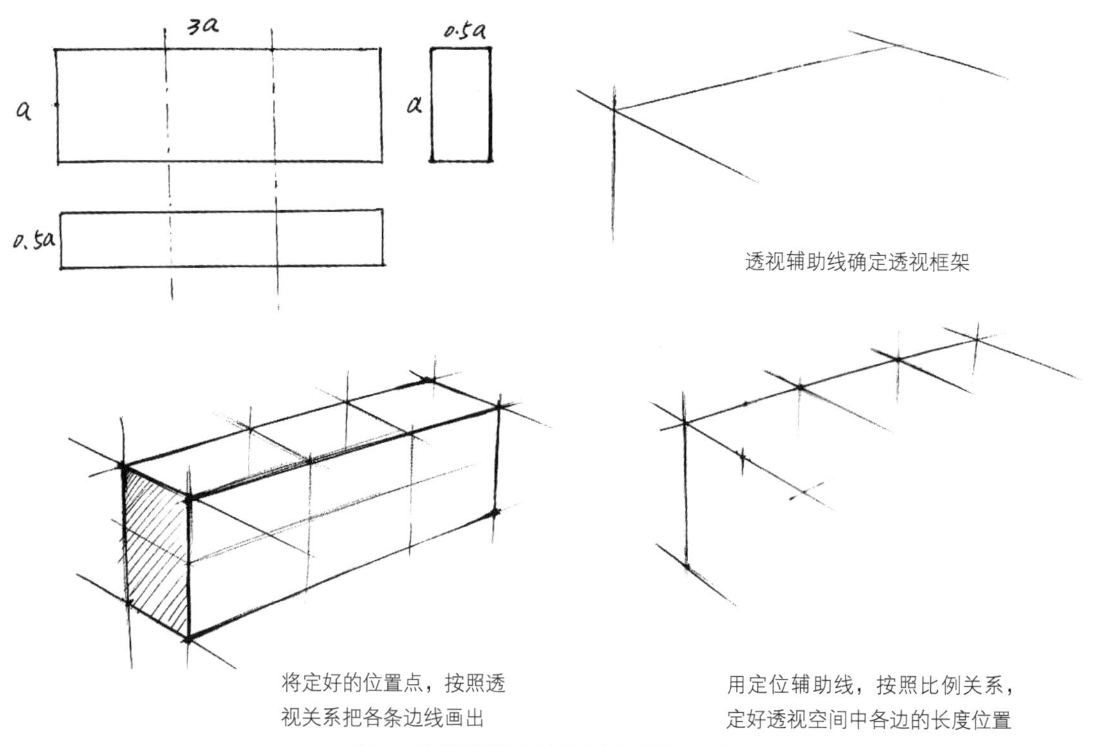
3a
0.5a
a
a
0.5a
透视辅助线确定透视框架
将定好的位置点，按照透视关系把各条边线画出
用定位辅助线，按照比例关系，定好透视空间中各边的长度位置

图4-4 依据比例关系画出透视长方体的分解过程

抓住形体规律特点，能快速地判断出从什么地方入手，下一步该往哪里去画，然后一步步地推导，把形体的透视三维造型表现得准确到位、完整合理，经得起推敲。

总而言之，“透视”和“比例”是设计手绘表达的核心，“形体的规律特点”则是重要的补充。我们需要一个系统的练习过程，把这种相对理性的规范训练逐步转变内化为一种更高层次的感性判断，今后就能通过手绘准确、快速地表达出各种造型的立体透视图。

第三节　直线为主的基础形体训练

一、正方体训练

正方体训练

1. 规律特点

长、宽、高比例相等且相互垂直，是规则的基础形体。透视图中最多只能看到三个立面。不同的透视视角都可以此为标准，来推导出其他的立面关系。

2. 训练步骤

（1）快速画出两点透视的辅助线框架。

（2）在辅助线的基础上，快速画出靠近自己的垂直立面。

（3）根据透视视角和比例关系，用定位辅助线找准另外一个垂直立面的纵向长度定位点，并快速画出该立面的边线。

（4）以画好的两个垂直立面为基准，快速推导出最后一个立面的边线。

（5）根据需要加深底部边线、局部的外轮廓线，让画面有轻重、虚实变化感，并适度添加一些结构线，如图4-5所示。

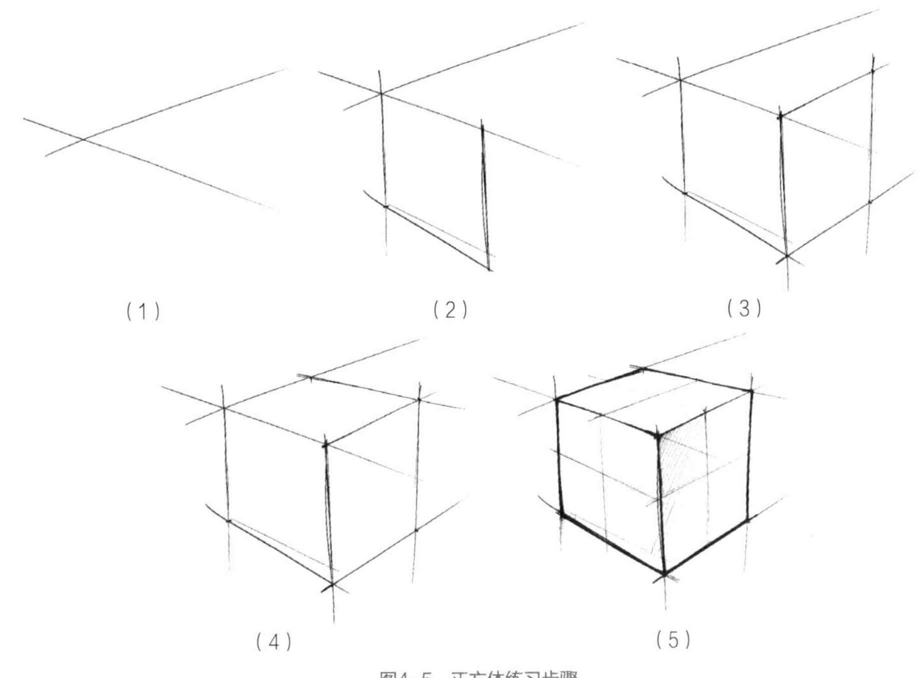

图4-5　正方体练习步骤

二、长方体训练

长方体训练

1. 规律特点

所有的边线相互垂直，长、宽、高存在一定比例的变化，透视图中最多只能看到三个立面。不同的透视视角都可以此为标准，来推导出其他的立面关系。

2. 训练步骤

（1）先画出几个长方体的平面视图，设定好长、宽、高比例关系。

（2）快速画出两点透视的辅助线框架。

（3）在辅助线的基础上，快速画出靠近自己的垂直立面。

（4）根据透视视角和比例关系，用定位辅助线找准另外一个垂直立面的纵向长度定位点，并快速画出该立面的边线。

（5）以画好的两个垂直立面为基准，快速推导出最后一个立面的边线。

（6）根据需要加深底部边线、局部的外轮廓线，让画面有轻重、虚实变化感，并适度添加一些结构线，如图4-6所示。

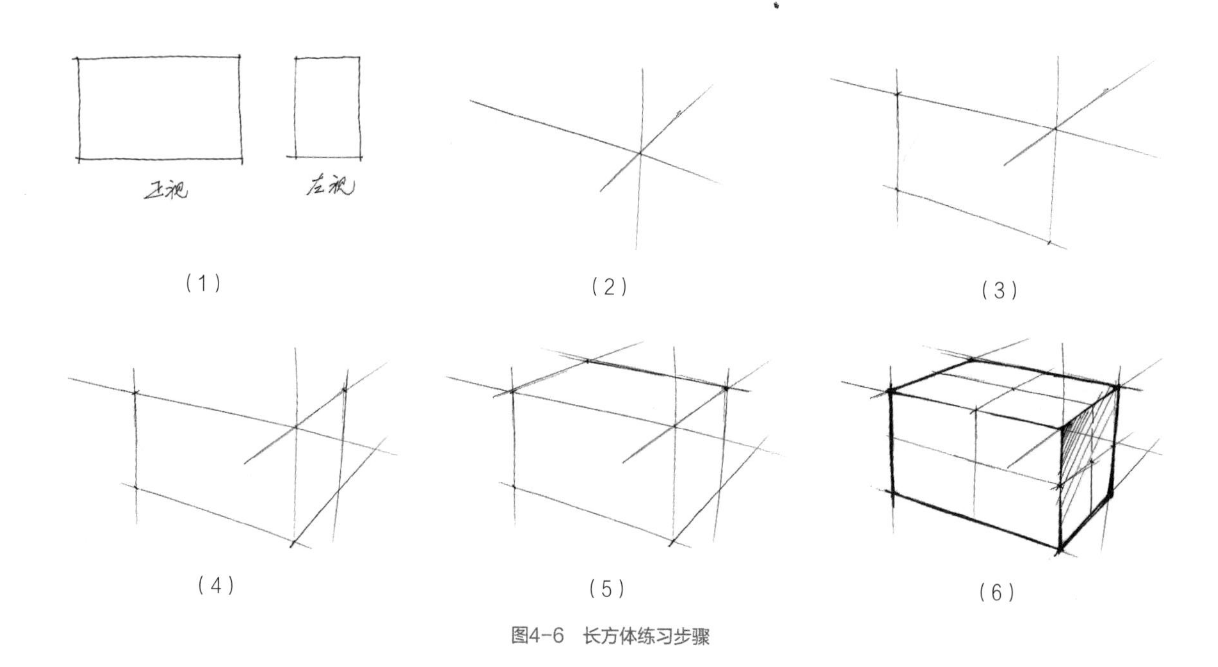

图4-6 长方体练习步骤

三、四棱锥体训练

四棱锥体训练

1. 规律特点

底部为矩形，顶部为一顶点，所有边为直线。

2. 训练步骤

（1）先画出四棱锥的主要平面图，设定好长、宽、高的比例关系，并画出底部透视的矩形。

（2）画出成对角线和垂直轴线，通过比例关系确定顶点的位置。

（3）通过顶点与各个底部角点，快速画出主要边线。

（4）根据需要加深底部边线、局部的外轮廓线，让画面有轻重、虚实变化，适当添加暗面排线，有立体感，如图4-7所示。

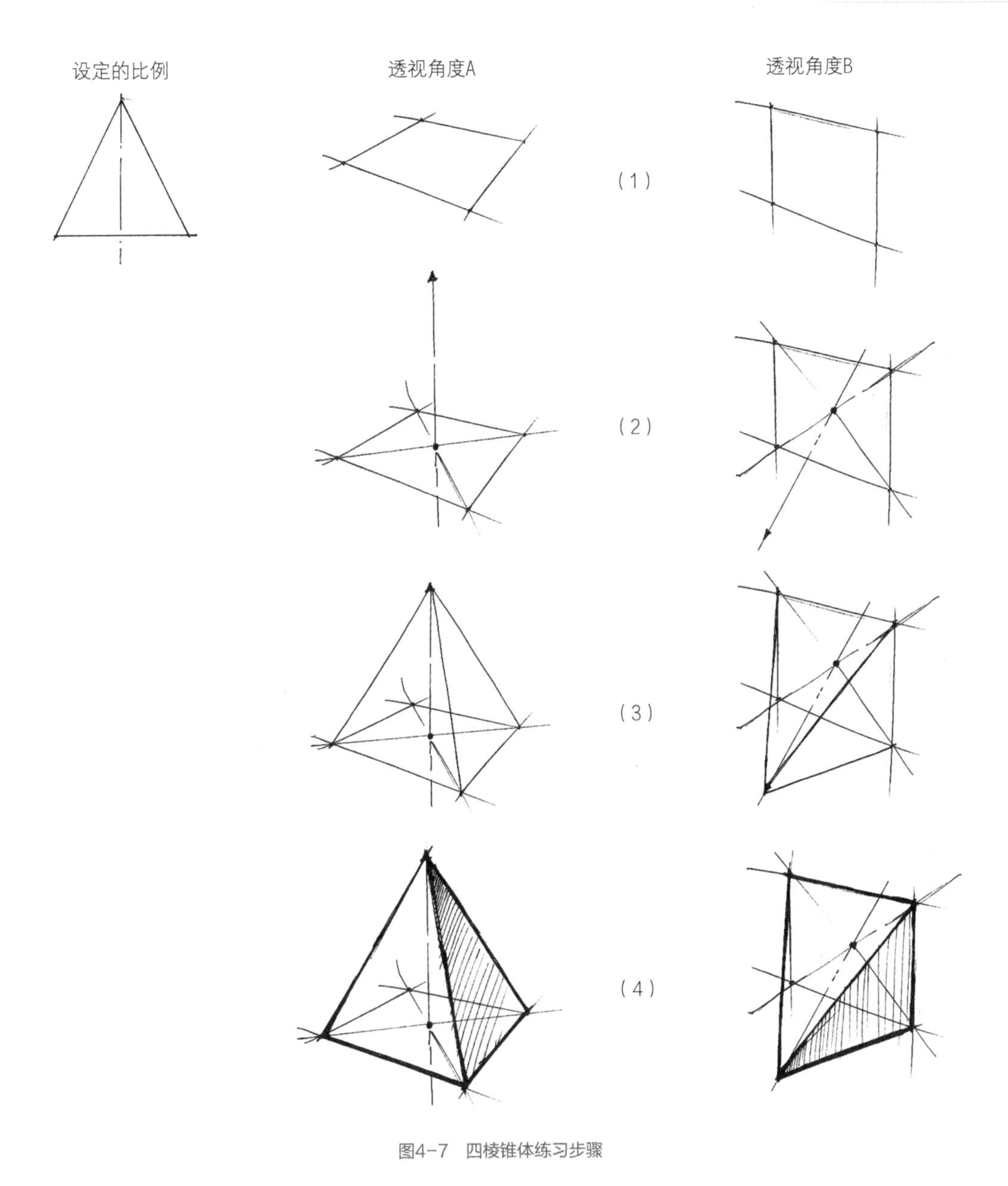

图4-7　四棱锥体练习步骤

第四节　曲直结合的基础形体训练

一、圆柱体训练

圆柱体训练

1. 规律特点

正交截面为矩形和正圆形。

2. 训练步骤

（1）先画出圆柱体的主要平面图，设定好长、宽、高比例关系，并快速画出顶面的透视圆形。

（2）通过顶面透视圆形画出对称轴线、圆心和垂直轴线。

（3）依据透视关系画出边线，并依据比例关系确定底部圆心位置。

（4）经过该圆心画出底部圆形的对称轴线，依据轴线、边线及透视关系快速画出底部的透视圆形。

（5）根据需要加深底部边线、局部的外轮廓线，让画面有轻重、虚实变化，如图4-8所示。

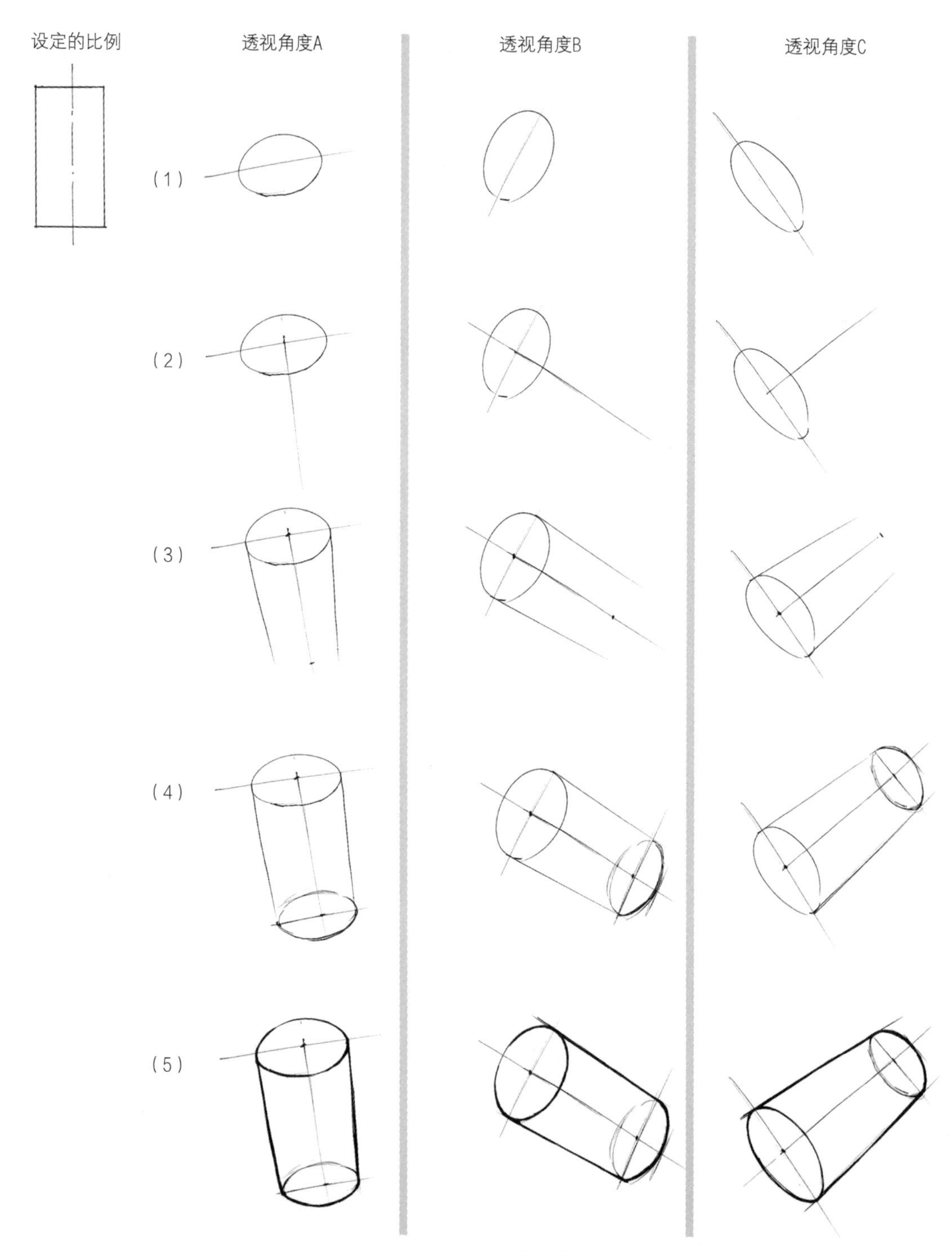

图4-8 圆柱体练习步骤

二、圆锥体训练

圆锥体训练

1. 规律特点

底部为正圆形，顶部为一顶点，该顶点必位于经过底部圆形的垂直轴线上。

2. 训练步骤

（1）先画出圆柱体的主要平面图，设定好长、宽、高比例关系，并快速画出底面的透视圆形。

（2）通过底面透视圆形画出对称轴线、圆心及垂直轴线，并依据比例关系在垂直轴线上确定好顶点的位置。

（3）经过顶点画出边线。

（4）根据需要加深底部边线、局部的外轮廓线，让画面有轻重、虚实变化感，如图4-9所示。

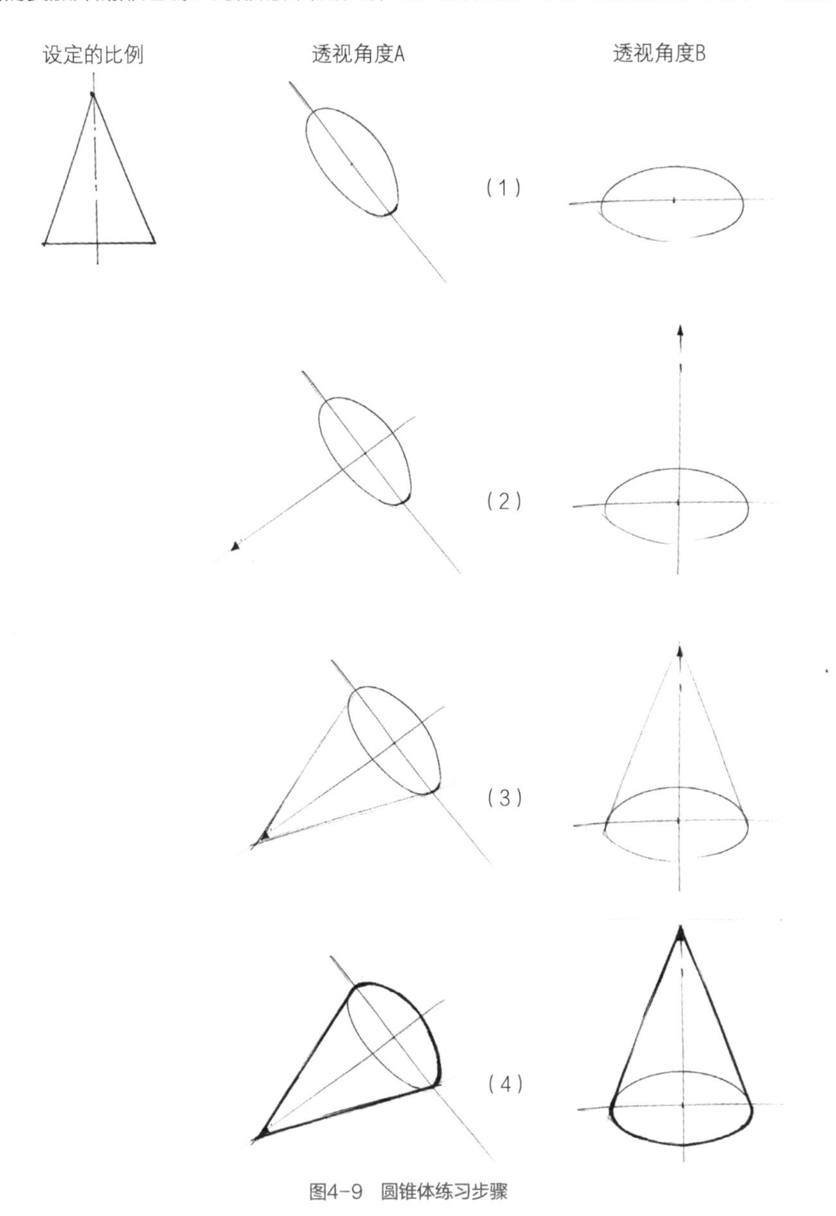

图4-9　圆锥体练习步骤

第五节　曲线为主的基础形体训练

一、球体训练

球体训练

1. 规律特点

三维各个方向的半径相等，是规则的基础形体。手绘立体球体需要借用结构辅助线或明暗关系来表现。

2. 训练步骤

（1）快速画出一个大小合适的正圆形。

（2）画出该正圆水平、垂直的正交轴线，其交点为圆心。

（3）在该正圆形上画出水平截面的立体结构线。

（4）根据需要加深底部边线、局部的外轮廓线和结构线，让画面有轻重、虚实变化感，如图4-10所示。

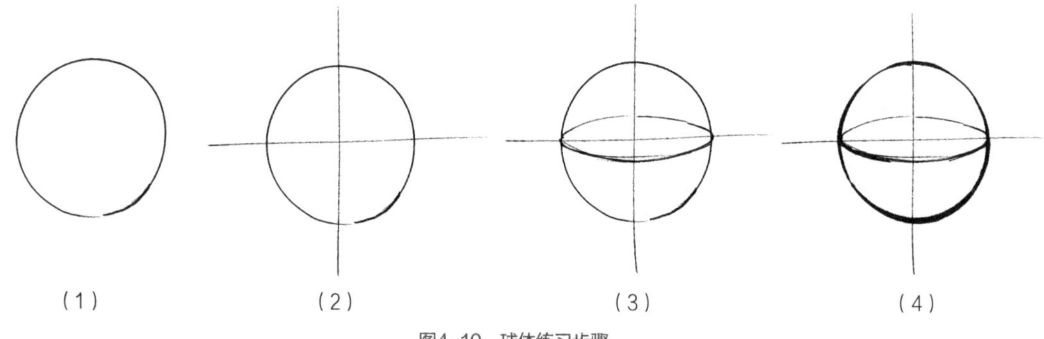

图4-10　球体练习步骤

二、椭球体训练

椭球体训练

1. 规律特点

将一个球上下压扁后，除了水平面截面是圆形外，每个垂直面都是椭圆形。手绘立体椭球体需要借用结构辅助线或明暗关系来表现。

2. 训练步骤

（1）快速画出透视方向的两条正交轴线，并依据比例关系在这两条轴线上确定出相互对称的四个轮廓点。

（2）经过步骤（1）中的四个轮廓点，对照正交轴线快速画出一个椭圆形。

（3）在该椭圆形上画出正圆形截面的立体结构线。

（4）根据需要加深底部边线、局部的外轮廓线和结构线，让画面有轻重、虚实变化感，如图4-11所示。

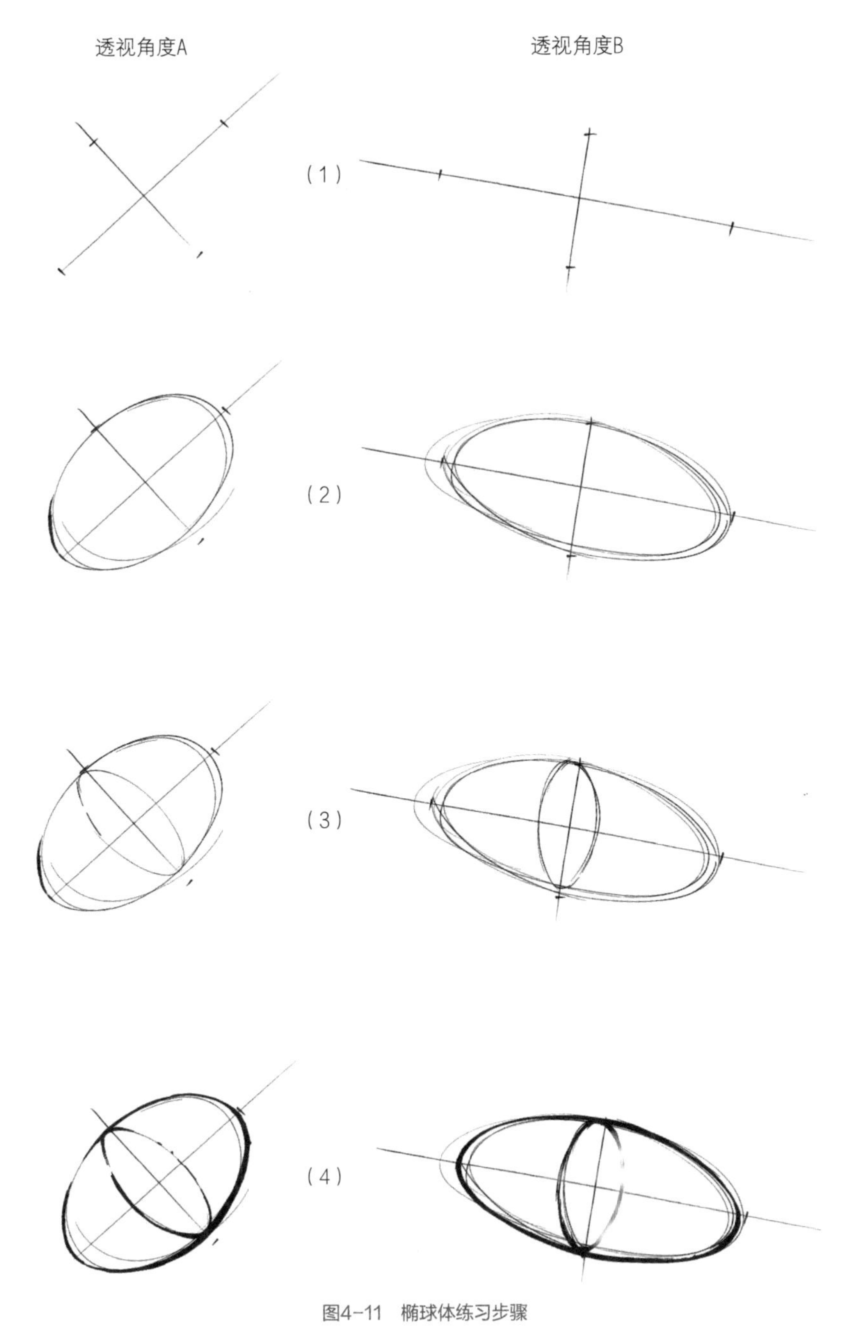

图4-11 椭球体练习步骤

作业与思考

1. 家具设计手绘为什么以两点透视为主？平时常见的两点透视错误有哪些？
2. 简述形体规律的重要性。
3. 结合之前画线的技巧方法，按照训练步骤，动手完成正方体、长方体、四棱锥体、圆柱体、圆锥体、球体、椭球体的大量训练，逐步掌握通过形体规律特点准确、快速画出各种基本形体的立体透视图。

第五章 画色技法

第一节 马克笔基础训练方法

一、马克笔笔触特点

马克笔力求下笔准确、肯定，不拖泥带水。干净而纯粹的笔法符合马克笔的特点，对色彩的显示特性、运笔方向、运笔长短等在下笔之前都要考虑清楚，避免犹豫，忌讳笔调琐碎、磨蹭、迂回，下笔要流畅，一气呵成。

二、马克笔排线训练

马克笔训练的方法有平铺排线、叠加排线和排线的留白。

1. 平铺排线

马克笔常用楔形的方笔头进行宽笔表现，要组织好宽笔触并置的衔接，平铺时讲究手腕节奏感，下笔和收笔要平齐，不要出头太多，排线的方向要统一，留白不要过多，注意控制好速度，不要因为画得过快而出现过多的枯笔，如图5-1所示。

2. 叠加排线

马克笔色彩可以叠加，叠加一般在前一遍色彩快干透再进行，避免叠加色彩不均匀和纸面起毛。颜色

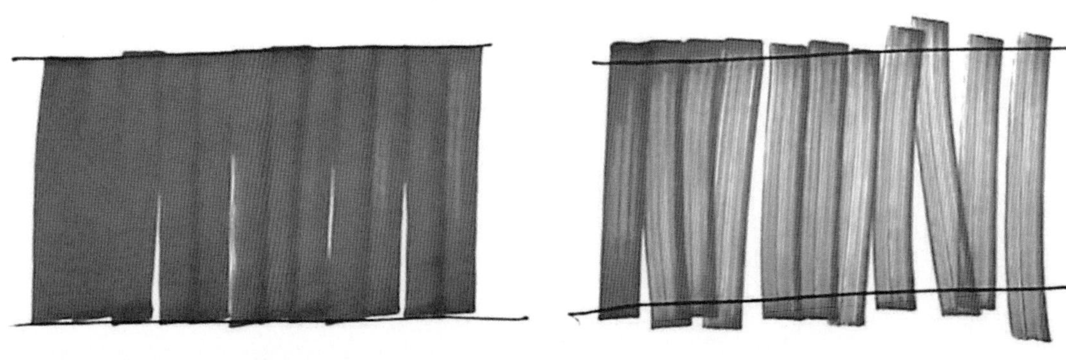

图5-1 马克笔平铺排线示范

叠加一般是同色叠加，使色彩加重，叠加一般不要超过3次，超过3次色彩也渗不下去，如图5-2所示。

马克笔基础训练方法

3. 排线的留白

排线的留白要过渡自然，笔触粗细、间距要灵活变化，要有透气的感觉，如图5-3所示。

读者可以扫描二维码观看“马克笔基础训练方法”示范视频。

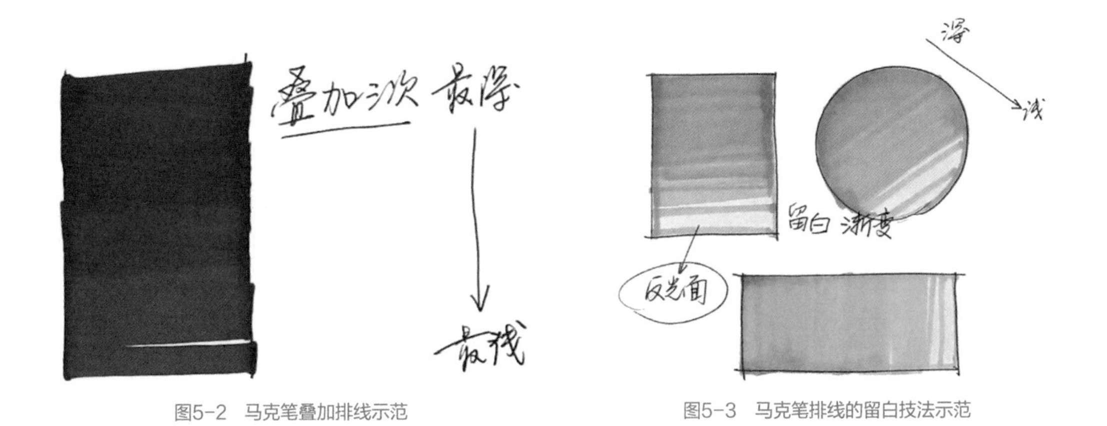

图5-2　马克笔叠加排线示范　　图5-3　马克笔排线的留白技法示范

第二节　马克笔灰调明暗技法

马克笔灰调明暗的要诀：层次对比分明，够用即可，明暗分界线要连贯凸显。

一、层次对比分明，够用即可

素描明暗与设计手绘明暗不同，设计手绘灰调明暗一般3~4层即可，浅、中、深，过犹不及。

明暗对比一定要分明，这样立体感才会出来。而哪里是亮部、哪里是明暗分界线、哪里是暗部等，这些概念都是要从整体的角度来统筹，要讲究步骤方法，不要盲目瞎画。

层次对比分明，用笔先浅后深，通过3~4层的灰调明暗就能很好地把形体的立体感表达出来，所以设计手绘的明暗无须像传统素描那样画得层次非常丰富，只要我们把握住对象的造型规律特点，在恰到好处的地方下笔，就能快速表现出所要的效果了。

二、明暗分界线要连贯凸显

假设性光照方向的设定，后面的明暗层次一定要根据光照的物理规律来表现，这样整体效果才会真实自然。而明暗分界线的确定，要把光照规律和具体造型形态结合起来分析，尤其是曲面为主的造型。根据光照的物理规律，找到明暗分界线的位置之后，明暗分界线一定是连贯的，所以设计手绘的灰调明暗分界线要连贯凸显，才能更加有立体感，如图5-4所示。

马克笔灰调明暗技法

对于初学者，开始马克笔的学习，最好先从浅色灰度的马克笔入手，如暖灰的WG1、WG2、WG3、和冷灰的CG1、CG2、CG3，只需考虑整体的明暗关系，较好地衔接之前马克笔排线笔触的训练。

读者可以扫描二维码观看“马克笔灰调明暗技法”示范视频。

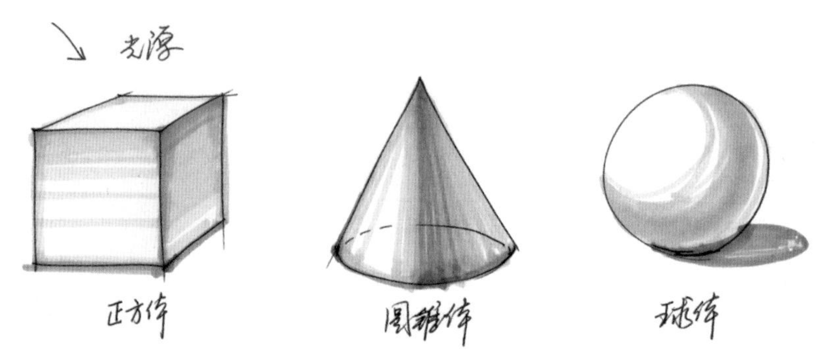

图5-4　基础形体的灰调明暗画法

第三节　马克笔画色技法

一、马克笔画色要诀

马克笔画色的要诀：先易后难，先浅后深，先灰后色。

1. 先易后难

由于马克笔上色后不可修改，下笔前要有整体统筹的概念，从最有把握的地方开始先下笔。那么，哪些地方是相对容易把握的呢？一般来说，明暗分界线、光影的暗部、造型外轮廓等地方都是比较明确的，从这些地方先下笔，可以快速表现出造型的整体立体感，然后在此基础上一步步向其他局部和细节展开。

2. 先浅后深

马克笔的深色一下去如果把握不好，出现差错就很难修正，所以马克笔上色最好是先浅后深。

步骤一：先用浅色的马克笔为造型铺上第一层浅色调。

步骤二：用较深色的马克笔上后面的第二层中色调。

步骤三：最后用更深色的笔触把明暗对比拉开，进一步强化立体感。

这样有两个好处：一是浅色上色万一画错的，后面的深色可以把这些画错的地方压下去，或者至少也不会很明显，不影响最后的整体效果。二是浅色上完色后，造型的基本立体色感出来了，为后面深色部分上色有了更加明确的提示，更加容易把握到位。

3. 先灰后色

马克笔的色彩效果比较鲜艳明快，色相分类庞杂，如果一开始没有把握，就不建议用彩色调的马克笔先起笔，一般都是留到后面细节和材质表现的时候才用。

通常马克笔的灰色调相对彩色调更易于掌控，做法是先用浅灰色，把造型的整体明暗调子交代明确后，再用彩色调铺后面的层次，因为彩色调一般都可以压住前面的浅灰色调。

灰色调分为暖灰系列（WG）和冷灰系列(CG)，这里要特别注意的地方是暖灰和冷灰尽量不要混搭使用，否则笔触过渡会非常不自然。

以上三点要诀在马克笔画色练习中要统筹兼顾，灵活运用。

二、马克笔画色技法示范案例

马克笔画色技法示范案例如图5-5所示。

马克笔画色过程详解：

（1）对照家具实物照片，画出准确的侧视图和透视图线稿，如图5-6所示。

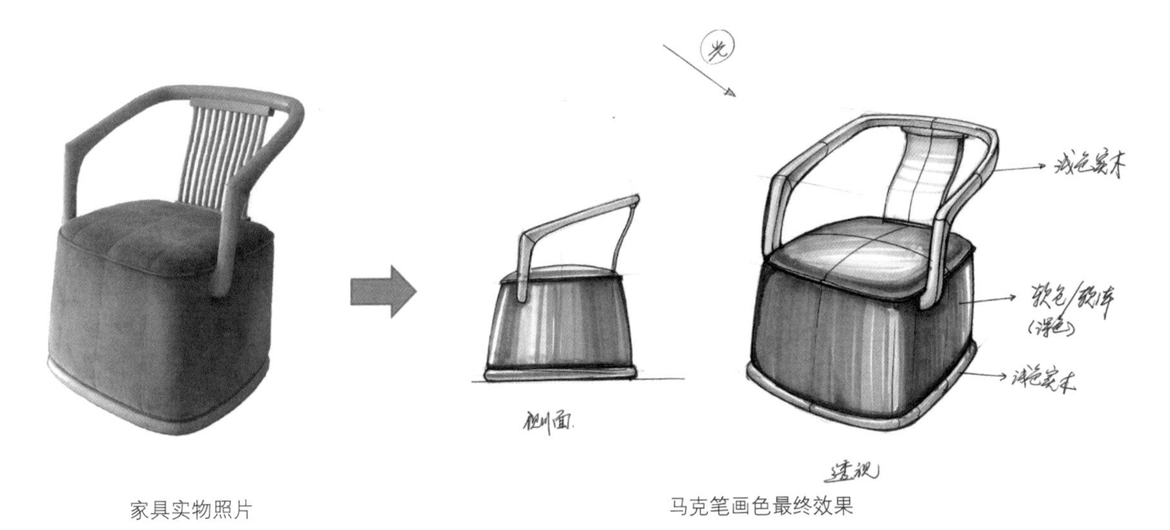

图5-5　马克笔画色技法示范案例（文麒龙作品）

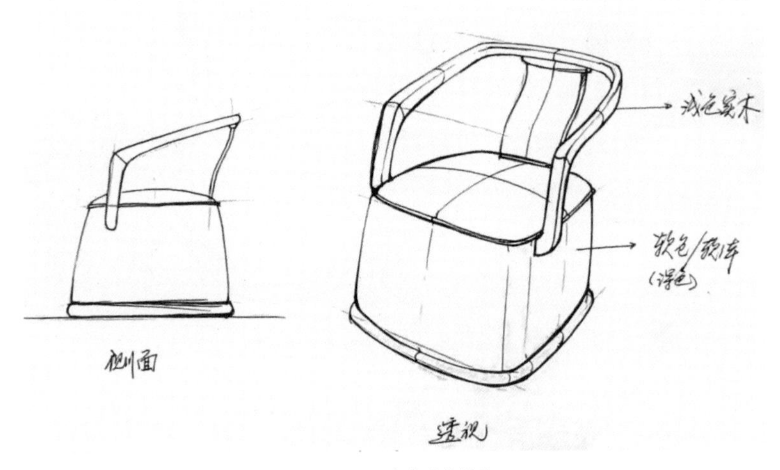

图5-6　画出准确的线稿

（2）用浅色暖灰马克笔明确整体明暗关系，如图5-7所示。

（3）选好近似彩色马克笔对实木部分上色，先从最有把握的地方——明暗分界线开始画色，如图5-8所示。

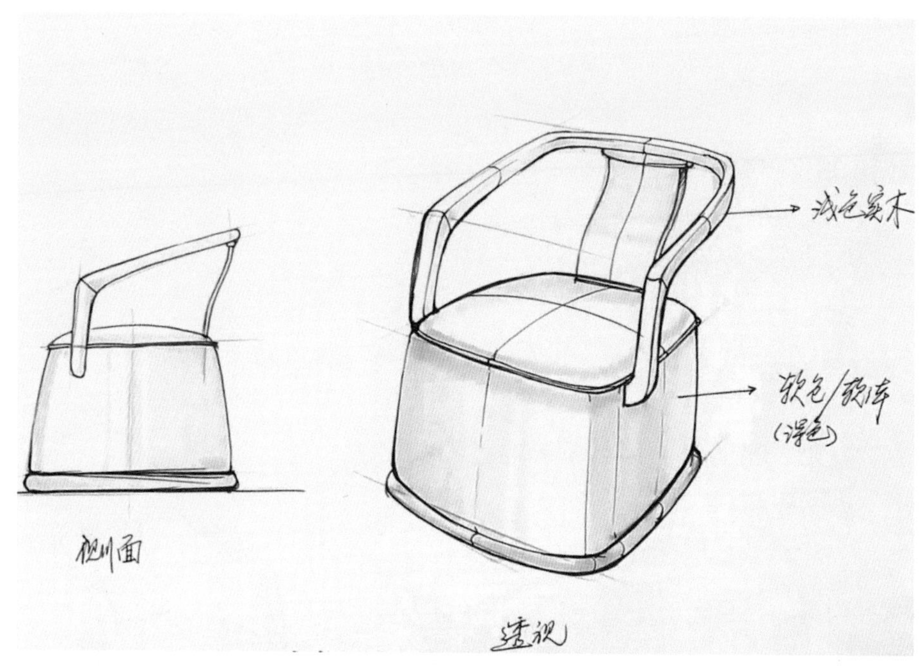

图5-7　用浅色暖灰马克笔明确整体明暗关系

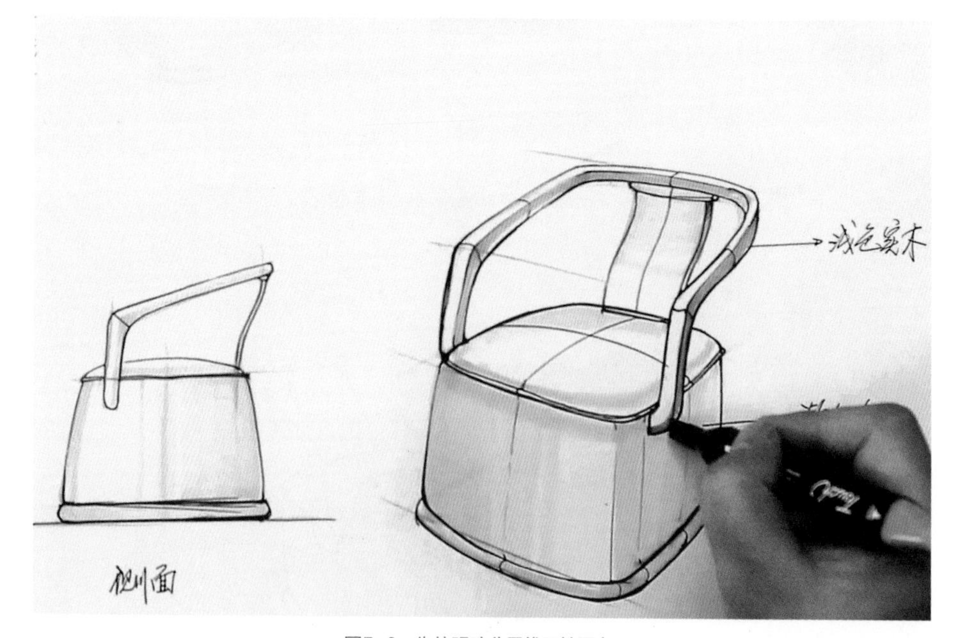

图5-8　先从明暗分界线开始画色

（4）完成透视图和侧视图实木的第一层次画色，如图5-9所示。

（5）用尖头勾勒软包部分的型面轮廓进行强调，如图5-10所示。

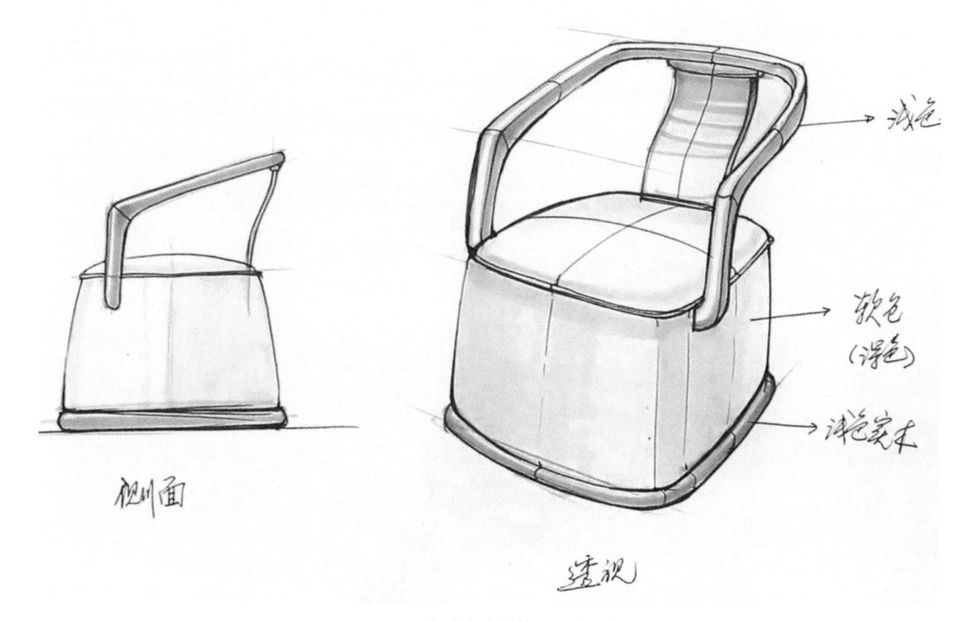

图5-9　完成实木的第一层次画色

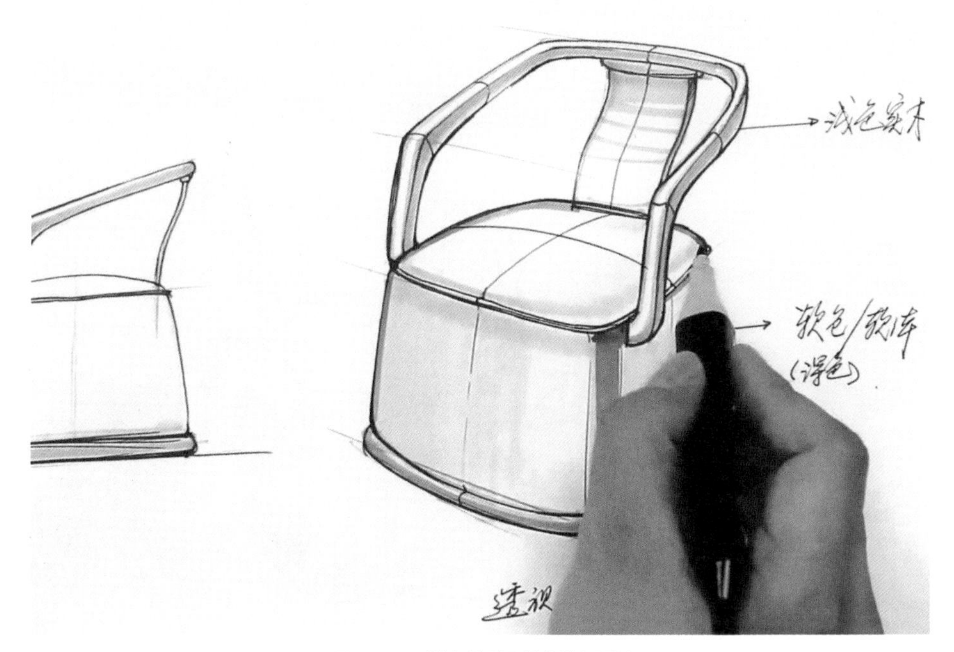

图5-10　对软包的型面轮廓进行强调

（6）为了对暗部排线更加顺手，可将纸张旋转到合适角度，排线笔触要统一方向，如图5-11所示。

（7）完成软包顶部亮面的画色,注意笔触走势要吻合型面的特点，如图5-12所示。

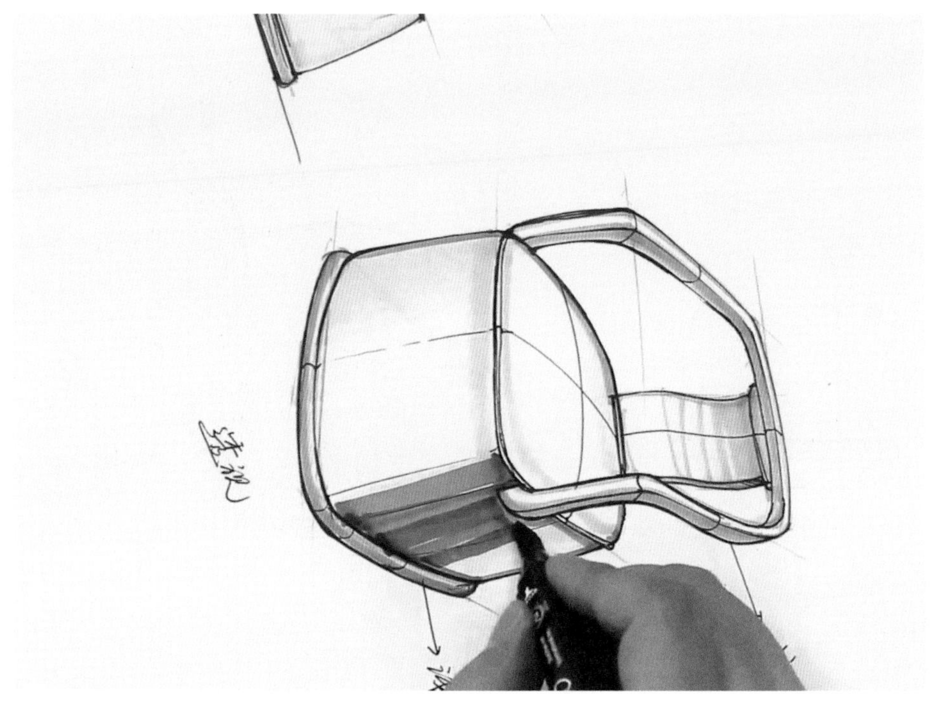

图5-11　将纸张旋转方便对暗部排线和留白

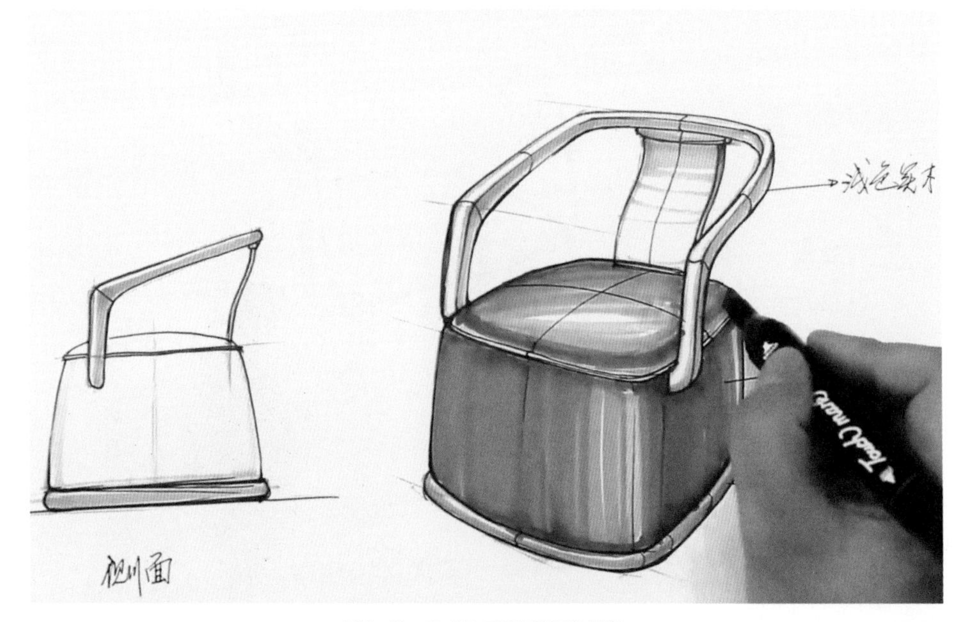

图5-12　完成软包顶部亮面的画色

（8）完成侧视图和透视图第一层次的画色，注意留白，留白笔触的轻重体现光影虚实变化，如图5-13所示。

（9）进行第二、第三层次的画色，先从最暗的地方开始画，整体上马克笔画色的层次浅、中、深三层就足够了，如图5-14所示。

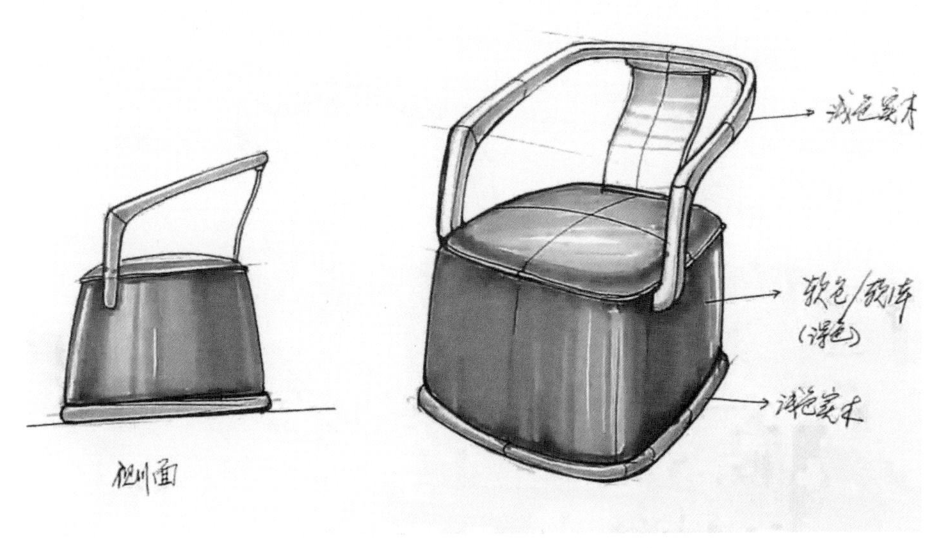

图5-13　完成侧视图和透视图第一层次的画色

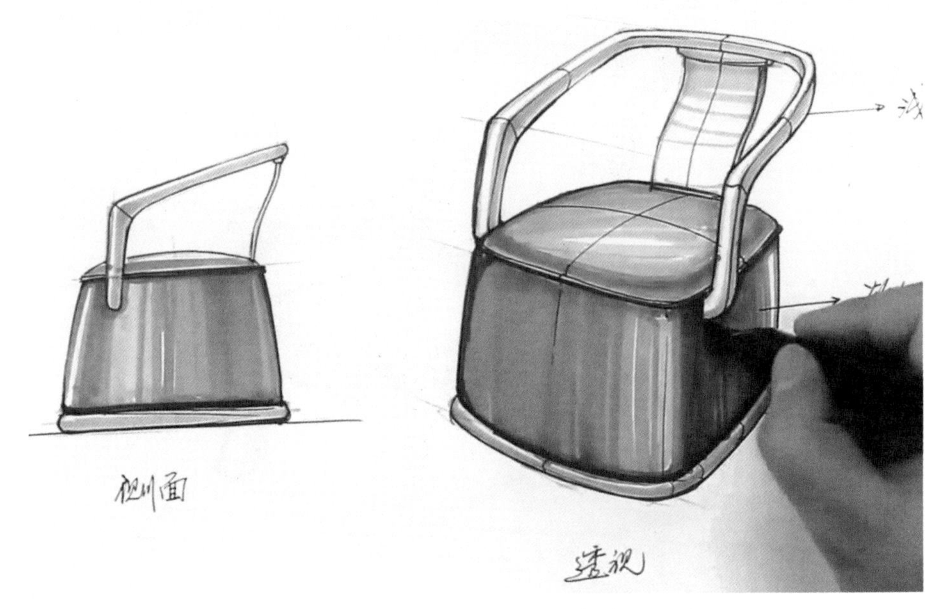

图5-14　进行第二、第三层次的画色

（10）细部调整，完成整体画色，增强立体感，明暗关系要与光照方向相协调，如图5-15所示。

读者可以扫描二维码观看“马克笔画色技法”示范视频。

练习参考案例如图5-16所示。

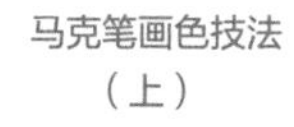

马克笔画色技法（上）

马克笔画色技法（下）

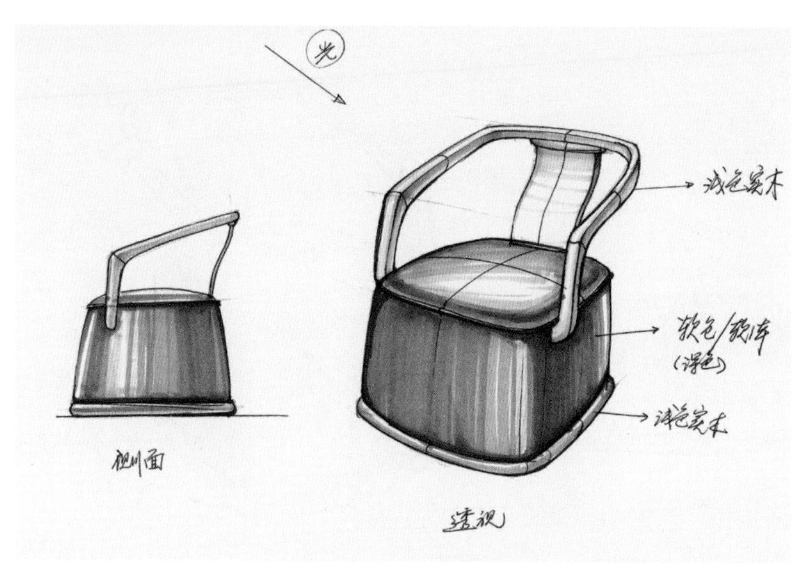

图5-15　完成整体画色

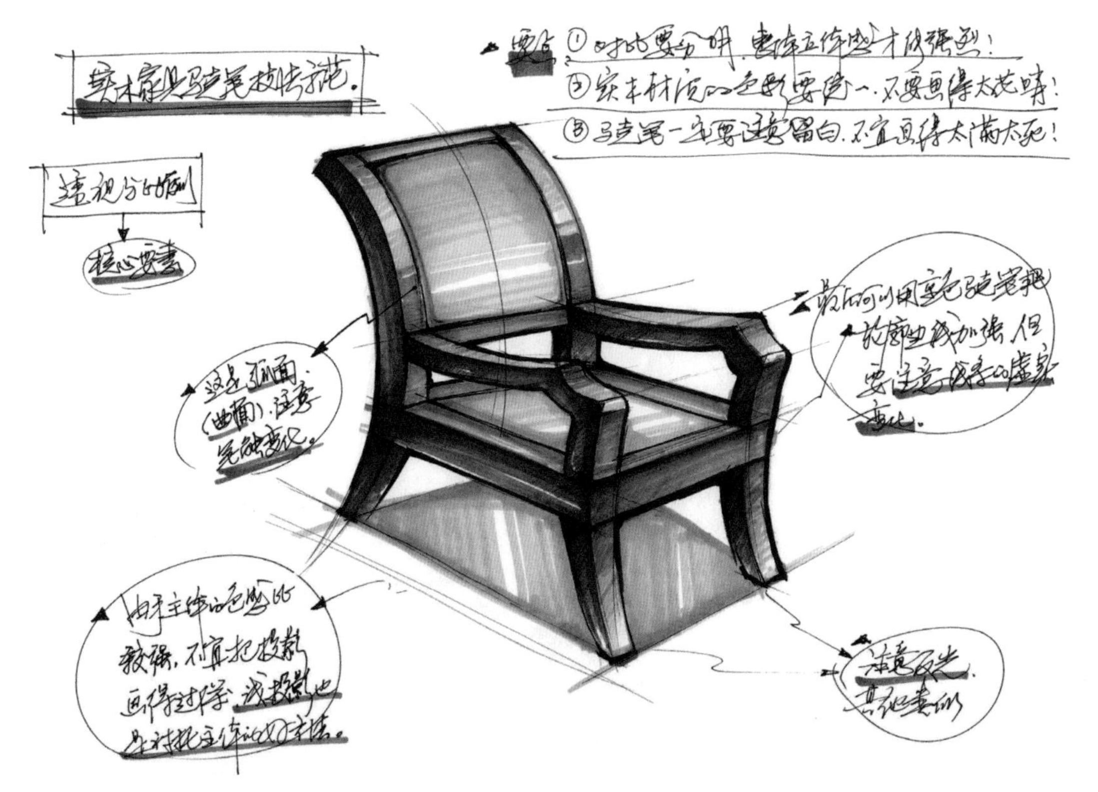

图5-16　马克笔画色技法练习参考案例（文麒龙作品）

第四节　彩色铅笔画色技法

一、彩色铅笔画色要诀

彩色铅笔画色的要诀：先浅后深，不宜多磨。

1. 先浅后深

彩色铅笔画色的技法可借鉴普通铅笔的应用方法，由于构造相似，区别在于一个无色，另外一个有色，排线笔触技法大同小异。用设计手绘中彩色铅笔画色，同样也是要有一个整体统筹的概念，画色之前，对造型的构造和光照方向等确定后，先浅后深逐步刻画。

2. 不宜多磨

由于彩色铅笔的质地普遍偏软，正常力度下在同一个地方的笔触超过3次或4次后，色调就基本无法再深下去了。如果笔触老在一个地方不断地来回磨画，就会出现油腻、不明快的现象，过犹不及。

二、彩色铅笔画色技法示范案例

彩色铅笔画色技法示范案例如图5-17所示。

彩色铅笔画色过程详解：

（1）对照家具实物照片，用黑色彩色铅笔画出准确的透视图线稿，如图5-18所示。

（2）对暗部进行画色，如图5-19所示。

（3）完成彩色铅笔整体画色，如图5-20所示。

（4）使用签字笔或勾线笔，对型面轮廓和最深的暗部进行强调，增强立体感，如图5-21所示。

（5）最后进行细部调整，完成整体画色，可以根据光照方向添加阴影，阴影要通透，否则会显得呆板，反而破坏了整体效果，如图5-22所示。

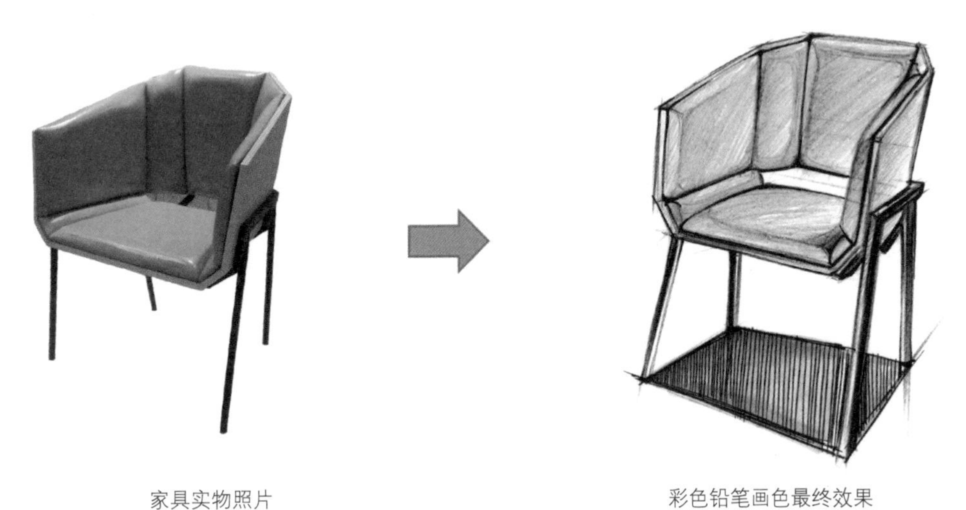

家具实物照片　　彩色铅笔画色最终效果

图5-17　彩色铅笔画色技法示范案例（文麒龙作品）

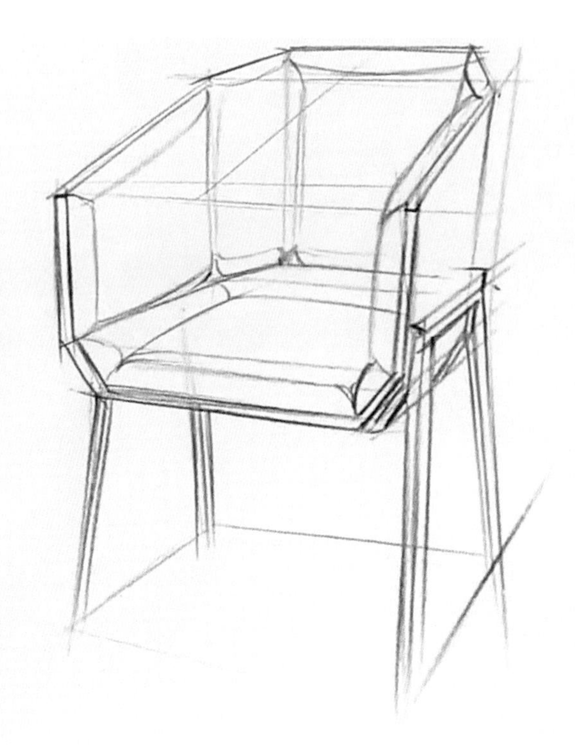

图5-18　透视图线稿

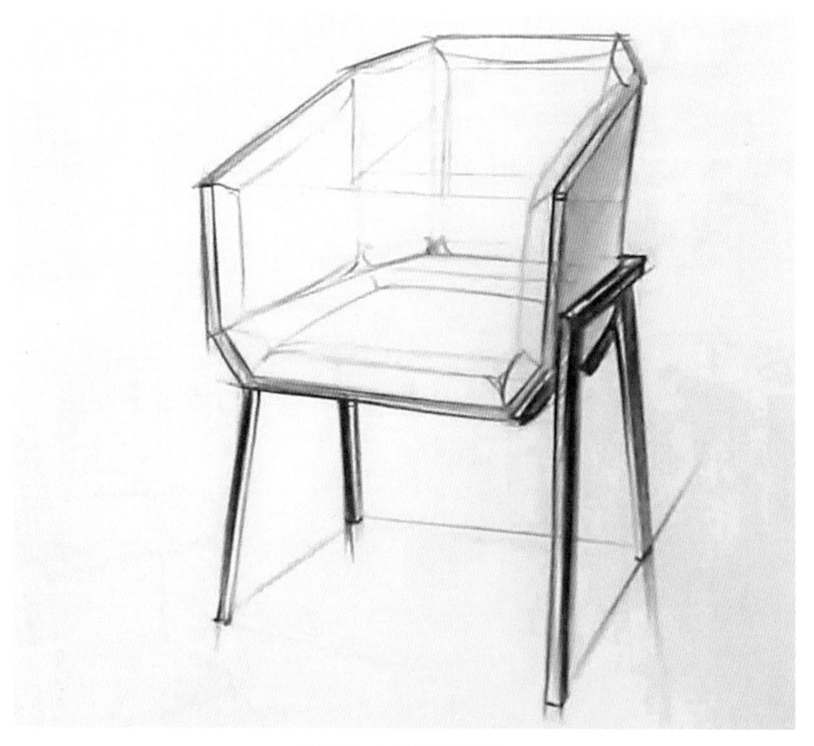

图5-19　对暗部进行画色

图5-20　整体画色

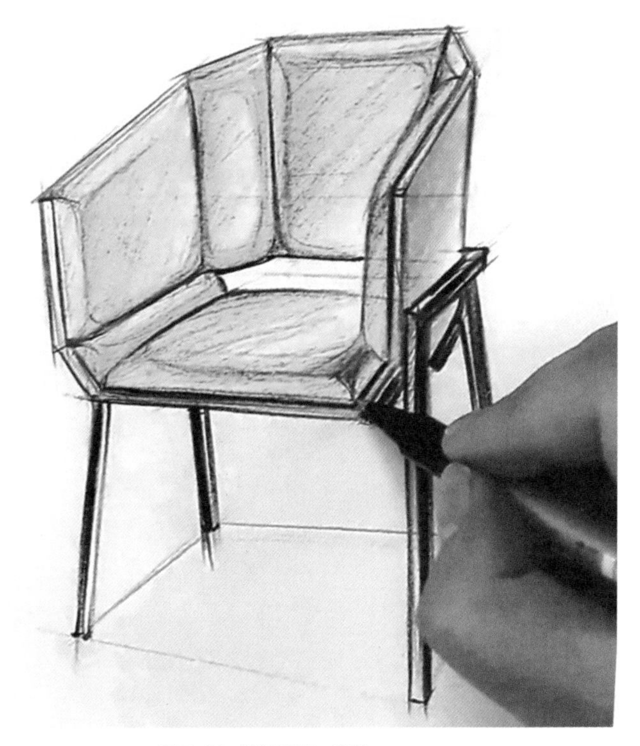

图5-21　强调轮廓、暗部

图5-22　添加阴影

读者可以扫描二维码观看“彩色铅笔画色技法”示范视频。

彩色铅笔画色技法

练习参考案例如图5-23所示。

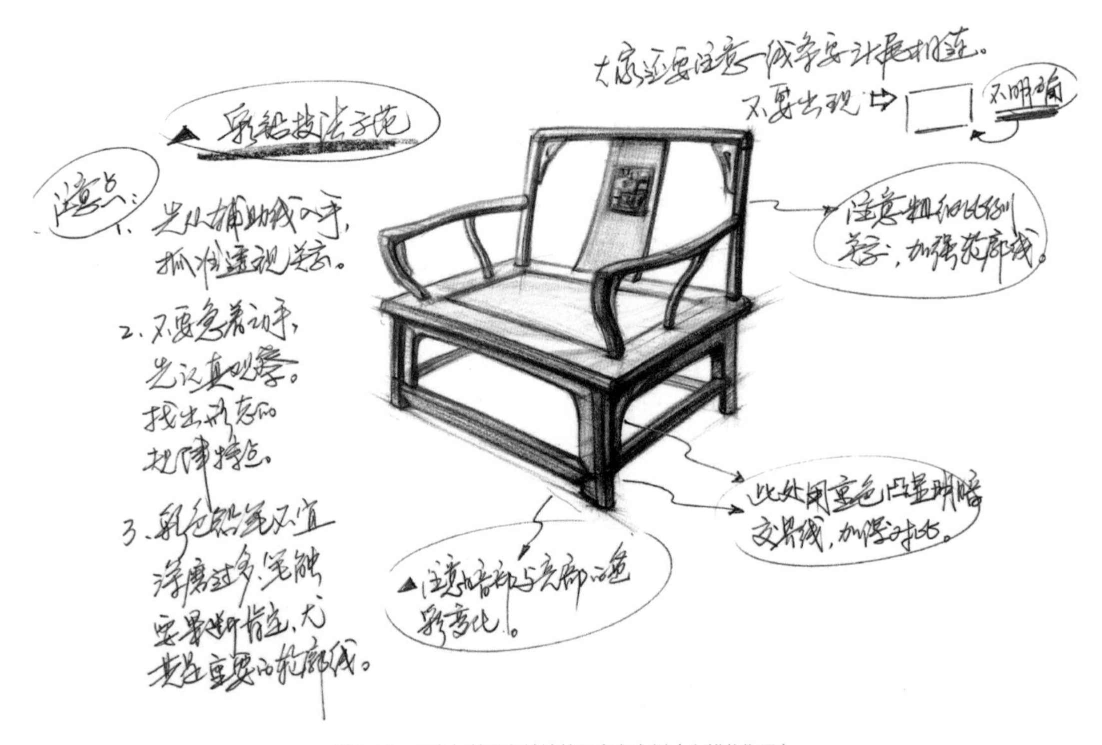

图5-23　彩色铅笔画色技法练习参考案例（文麒龙作品）

第五节　综合工具画色技法

综合工具画色主要指马克笔与彩色铅笔相互搭配画色。家具由多种材质构成，根据马克笔和彩色铅笔画色的特点，将这两种工具综合起来灵活运用，各取所长。

1. 先画马克笔，再叠加彩色铅笔

马克笔画色后笔触不好修改，而彩色铅笔则可以用橡皮擦拭进行修正。酒精性马克笔带有一定的湿度，如果叠加到彩色铅笔笔触上，无论是水溶性还是非水溶性的彩色铅笔，其笔触都会溶化，容易破坏画面效果。所以，建议初学者先用马克笔画完，等其干透了，再叠加彩色铅笔，就能把两种画色效果有效结合。若手绘经验很丰富，能充分驾驭这两种工具，则可以不受此限制。

2. 马克笔整体画色，彩色铅笔则兼顾局部

由于马克笔具有色彩鲜明、快速显现画面效果的优点，利于整体画色效果统筹，而彩色铅笔则在基础上对局部进行润色和细节调整。

3. 示范案例

如图5-24和图5-25所示，综合工具画色在细节的表现力上更加到位，属于家具设计手绘表现技法中比较高阶的技法，其画色过程基本跟上面马克笔画色和彩色铅笔画色类似，此处不再一一分解。

读者可以扫描二维码观看“综合工具画色——彩色铅笔画色技法部分”和“综合工具画色——马克笔画色技法部分”示范视频。

综合工具画色——彩色铅笔画色技法部分

综合工具画色——马克笔画色技法部分

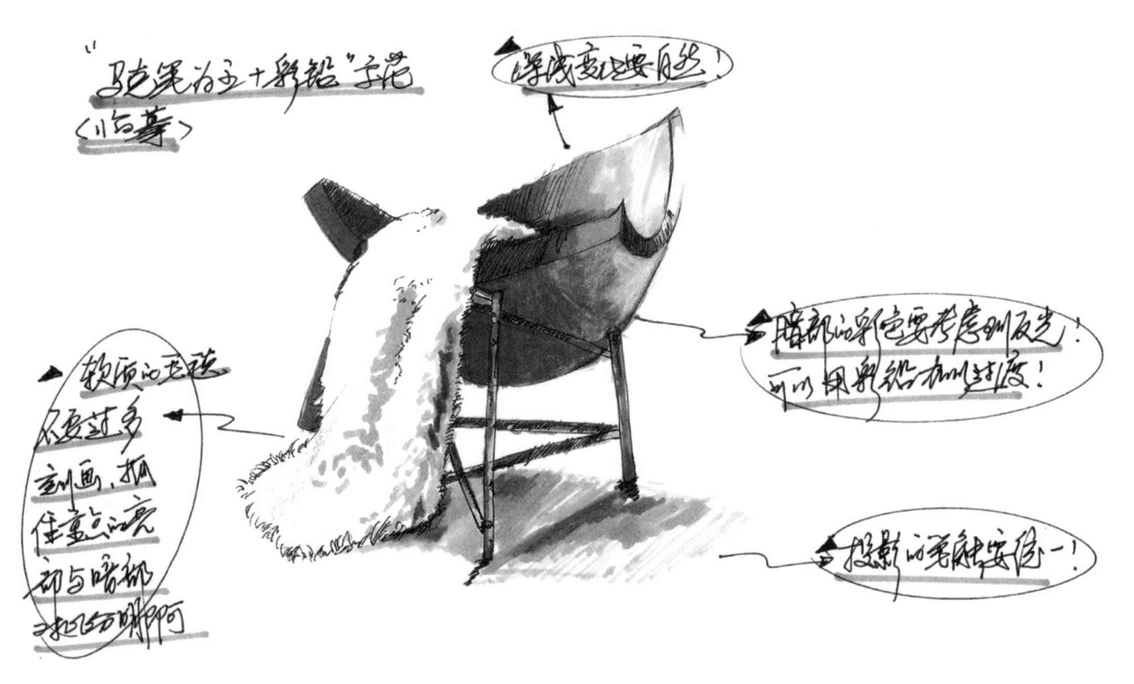

图5-24　综合工具画色技法示范案例一（文麒龙作品）

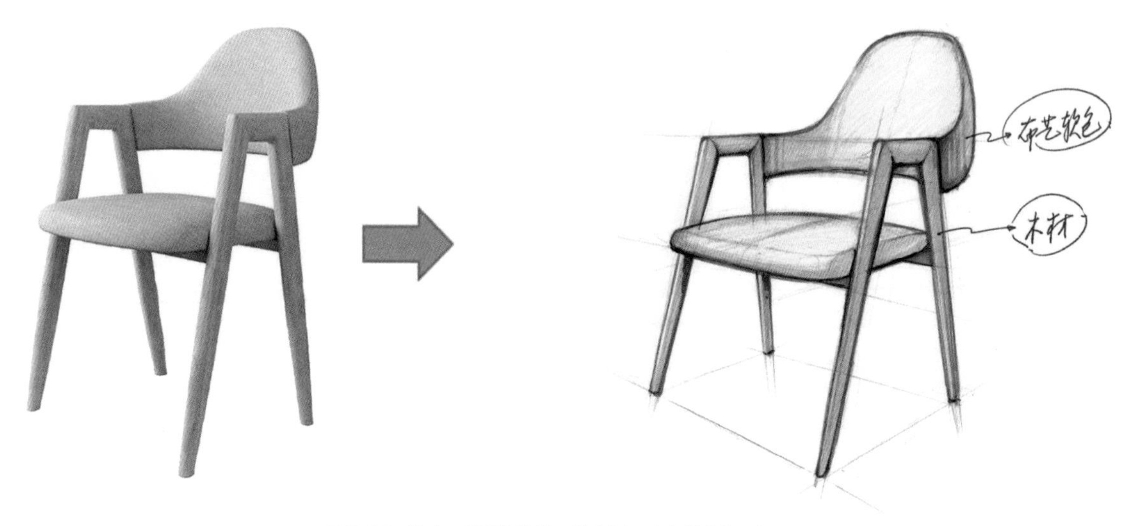

图5-25　综合工具画色技法示范案例二（文麒龙作品）

作业与思考

1. 马克笔灰调明暗技法要诀是什么?
2. 马克笔画色技法的要诀是什么?
3. 彩色铅笔画色技法的要诀是什么?
4. 马克笔和彩色铅笔综合画色要注意哪些问题?
5. 先完成图5-5和图5-16示范案例的临摹练习，掌握基本的马克笔画色技法后，再对照另外一款家具实物照片，按照所学技法进行临摹训练，最终做到学以致用。
6. 先完成图5-17和图5-23示范案例的临摹练习，掌握基本的彩色铅笔画色技法后，再对照另外一款家具实物照片，按照所学技法进行临摹训练，最终做到学以致用。
7. 先完成图5-24和图5-25示范案例的临摹练习，掌握基本的综合工具画色技法后，再对照另外一款家具实物照片，按照所学技法进行临摹训练，最终做到学以致用。

下　篇

家具设计手绘表达创意思路

临摹与变形

第一节　临摹优秀的设计手绘作品

临摹优秀的设计手绘作品是初学者最好的手绘训练方法，也比较容易上手，建立自信心，毕竟是优秀设计师手绘所画过的作品，其中包涵着大量表现技法和创意思路，可直观明了借鉴。临摹优秀的设计手绘作品包含两种层面，如图6-1所示。

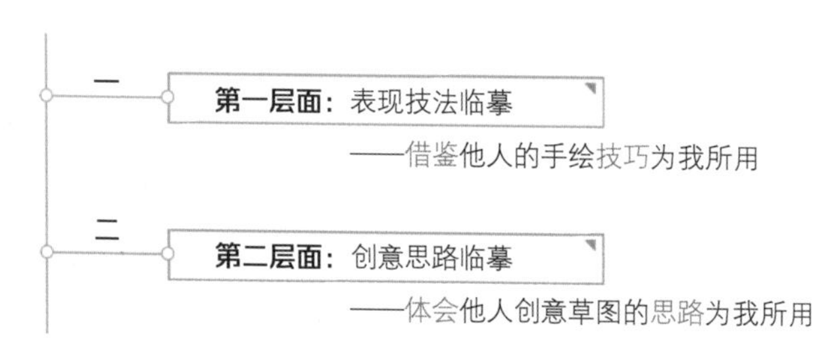

图6-1　临摹优秀设计手绘作品的两种层面

一、表现技法的临摹

开始的时候不宜找太难的作品，建议以线稿为主，不建议开始就临摹手绘效果图。慢慢过渡到有明暗调子和色彩材质的作品。每临摹一张作品之前，都不要急着一上来就动笔描画，应先对作品认真观察并分析，思考作者的整体构图布局和表现技法的特点，如线条的走向，形态的比例尺度，明暗分界线，为什么要这样画，再想想从哪个地方开始，然后才动笔。如图6-2和图6-3所示为优秀作品临摹。

表现技法临摹

如果对一个作品第一次临摹得不好、不满意，不要轻易放弃，继续就该作品临摹第二次、第三次，直到自己满意为止，而且每次重复之前，要知道自己前一张到底哪里出现了问题，在下一张临摹时如何避免，这一点非常重要。因为对同一优秀作品临摹多次，从不满意到满意的过程，你才能发现自己的不足，充分理解、体会到该作品的技法优点，才是真正掌握到其中对你有价值的东西。这个过程，应该至少要经过30张以上优秀设计手绘作品临摹才能找到感觉。同时，临摹的优秀作品不局限于家具领域，可以是工业设计、室内设计或建筑设计的手绘作品。

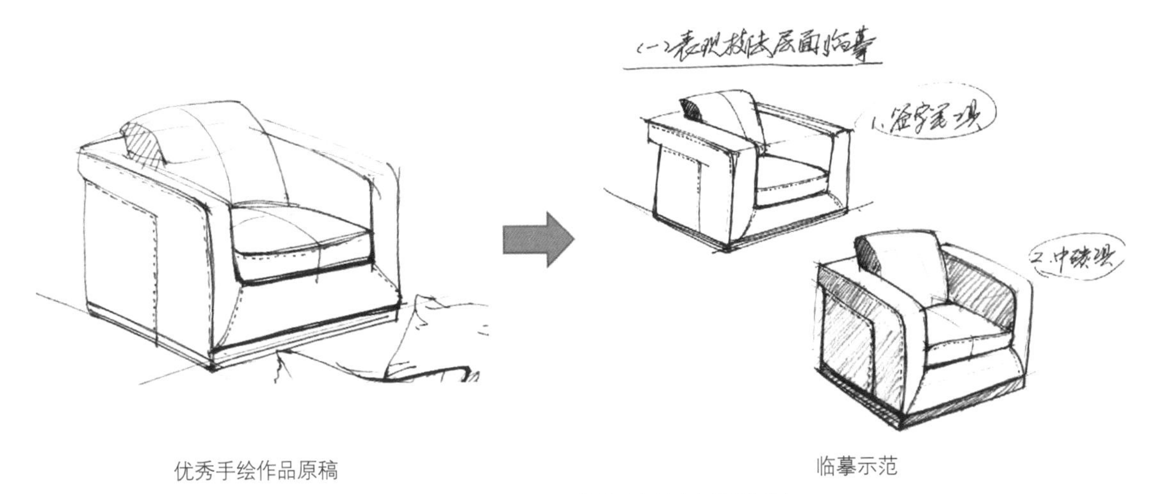

优秀手绘作品原稿　　临摹示范

图6-2　临摹优秀设计手绘线稿案例（文麒龙作品）

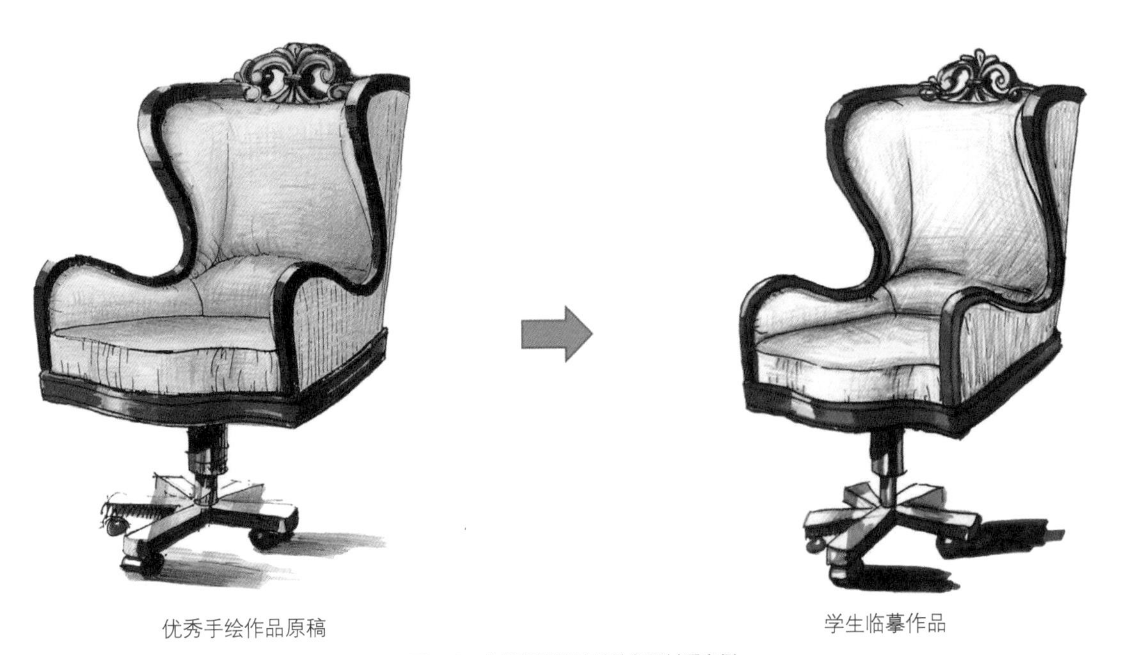

优秀手绘作品原稿　　学生临摹作品

图6-3　临摹优秀设计手绘色彩材质案例

二、创意思路临摹

每张优秀的设计手绘作品除了其表现技法值得借鉴学习以外，设计师还应当要充分关注其内在的创意构思推演过程，不妨换位思考，从原创者的角度思考：这个设计方案的原始构思是怎么产生的？为什么要这样设计？手绘推演创意思路是怎么展开的？细节是如何完善的？可以好好地去摸索原创者的思路，不断推敲，慢慢地就能在自己脑海中积累起大量创意构思的素材。如图6-4和图6-5所示为临摹案例。

创意思路临摹

提示：这种临摹的目的不是单纯追求设计手绘的表现效果，而是体会原设计师优秀作品的创意表现思路，是总结其技法与创意思路恰到好处的关键所在。临摹过程中，切忌描画——被动地为画而画，不开动脑筋。

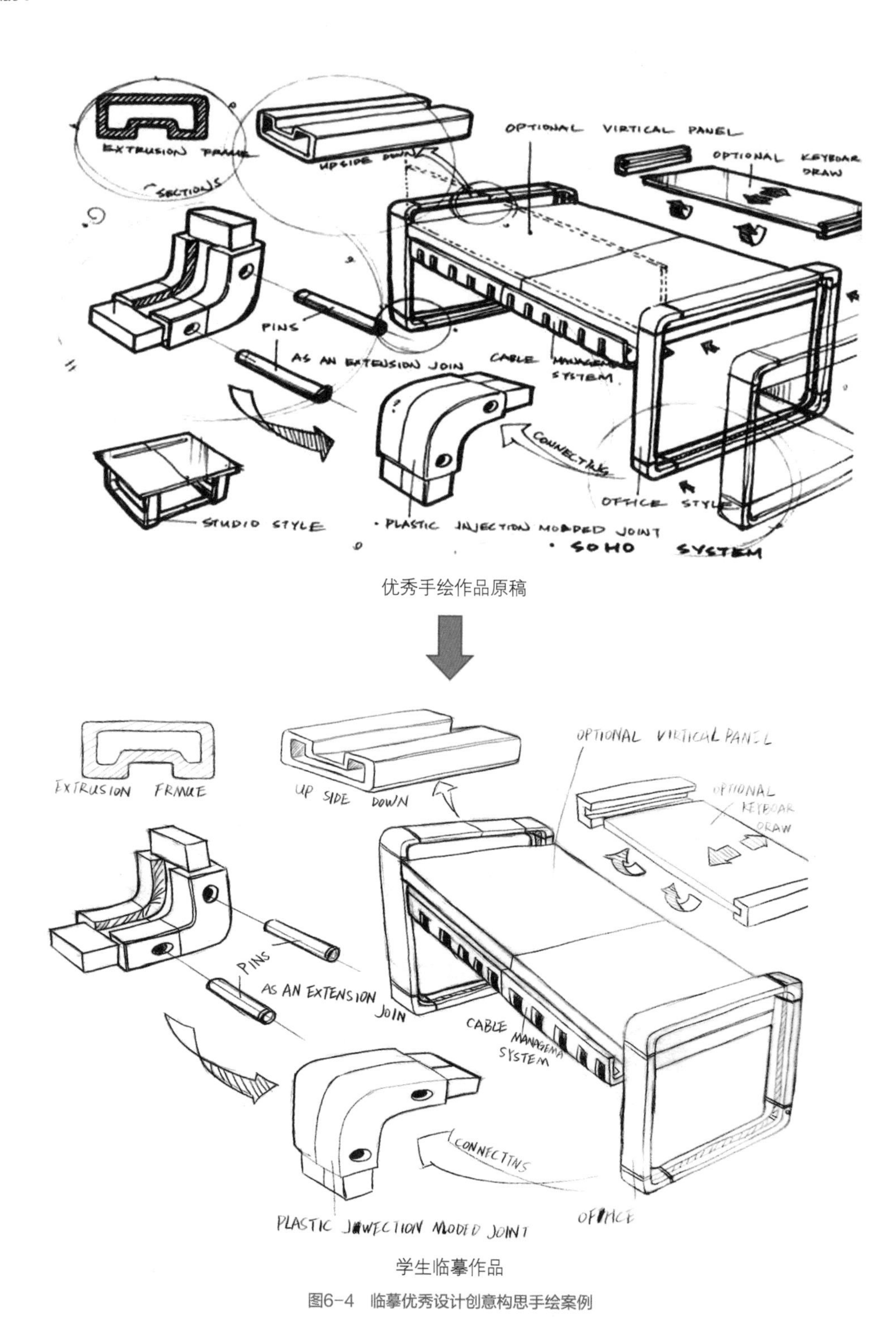

优秀手绘作品原稿

学生临摹作品

图6-4 临摹优秀设计创意构思手绘案例

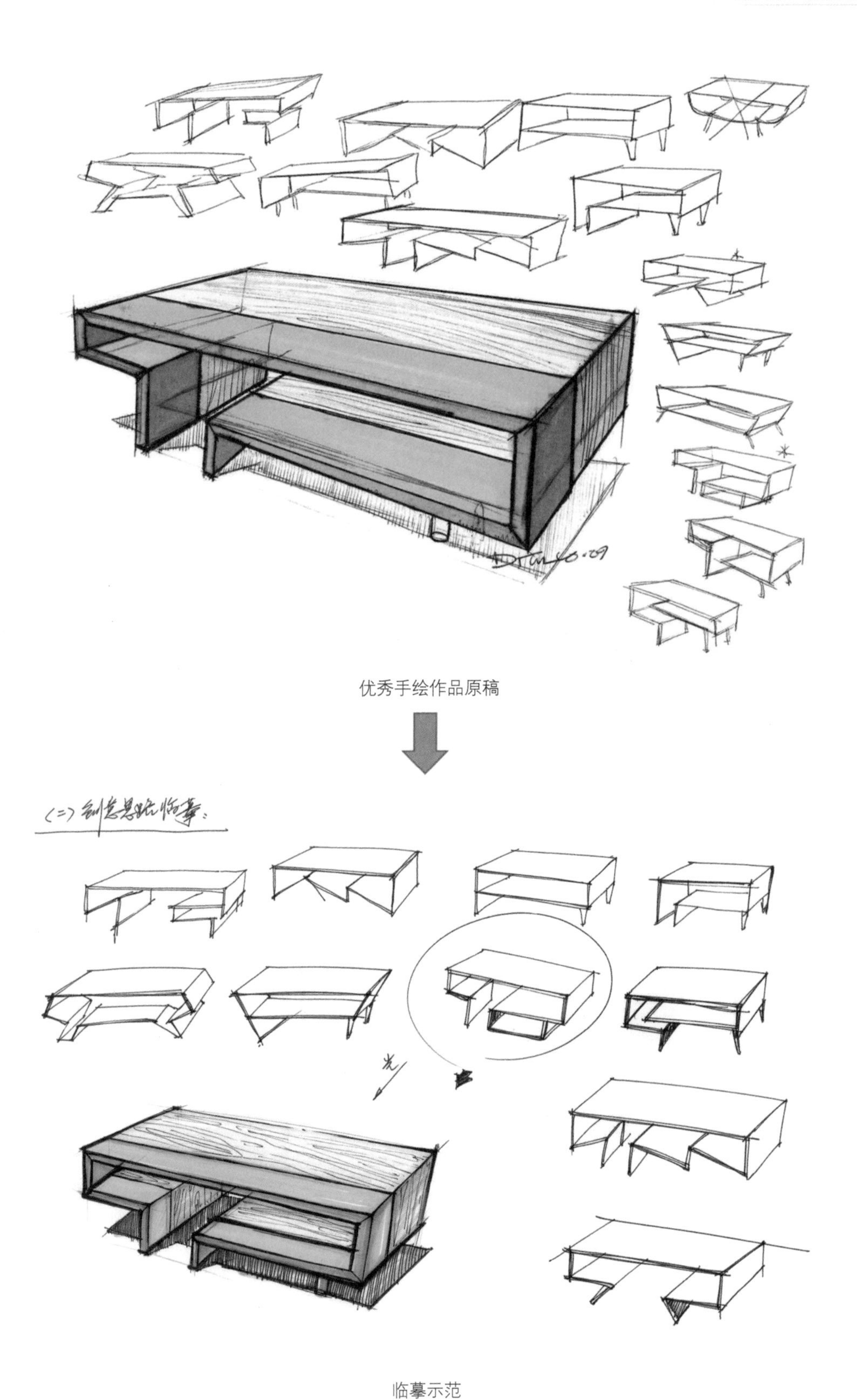

优秀手绘作品原稿

临摹示范

图6-5 临摹优秀设计创意构思手绘案例（文麒龙作品）

第二节　临摹实物照片

临摹大量优秀的现代家具设计实物照片能快速提高自己对设计手绘技法的运用能力，家具实物照片或者家具设计3D渲染效果图的资源易获取，观察视角已确定，比直接对照家具实物更容易进行透视和比例把握。此临摹过程以线条轮廓为主，之后可对照图片，运用之前所学技法进行归纳性快速画色，这个过程同样也要切忌描画。下面以临摹一款现代躺椅实物照片为例，如图6-6所示，总结一些训练步骤和方法。

训练步骤和方法：

（1）先观察、分析图6-6中家具实物造型的透视、比例关系，对整体形体特点做到心中有数。

（2）从最有特征的侧视图入手，分析其比例关系，如图6-7所示。

（3）用辅助线快速定好透视方向和结构比例的交点，画出透视框架小图。

（4）快速再现所见照片视角的家具形态。

图6-6　现代躺椅实物照片

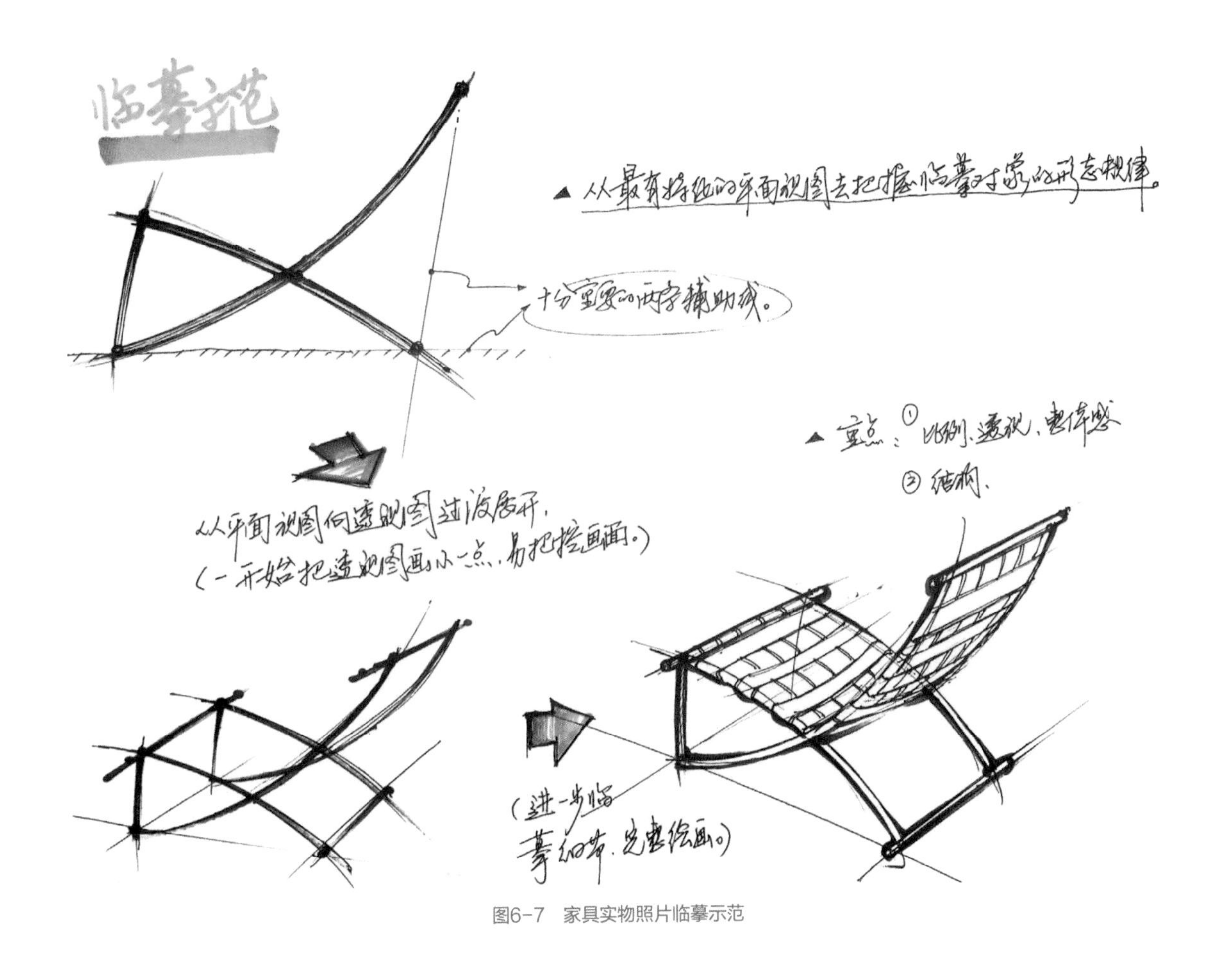

图6-7　家具实物照片临摹示范

第三节　默画训练

对临摹对象进行默画训练，纯粹靠之前临摹后的记忆来默画出曾经临摹过的对象。

第一种对别人优秀设计手绘作品的默画侧重表现技法再现，第二种对实物照片的默画则是应用所学技法，对之前临摹的实物照片进行不同视角的再现，基本要求是透视比例要准确，如图6-8所示。

提示：若之前没有用心分析对象的形态规律，是无法默画出其他视角的。而默画被卡住的地方，恰恰正是你平时细节忽略之处，正是你观察不到位导致推敲不出来的难点所在，更应在此发力，好好总结原因。当然，开始默画的时候可能不太习惯，经常画不出来完整的东西，这不要紧，不要灰心，坚持多练就能找到成功的钥匙。

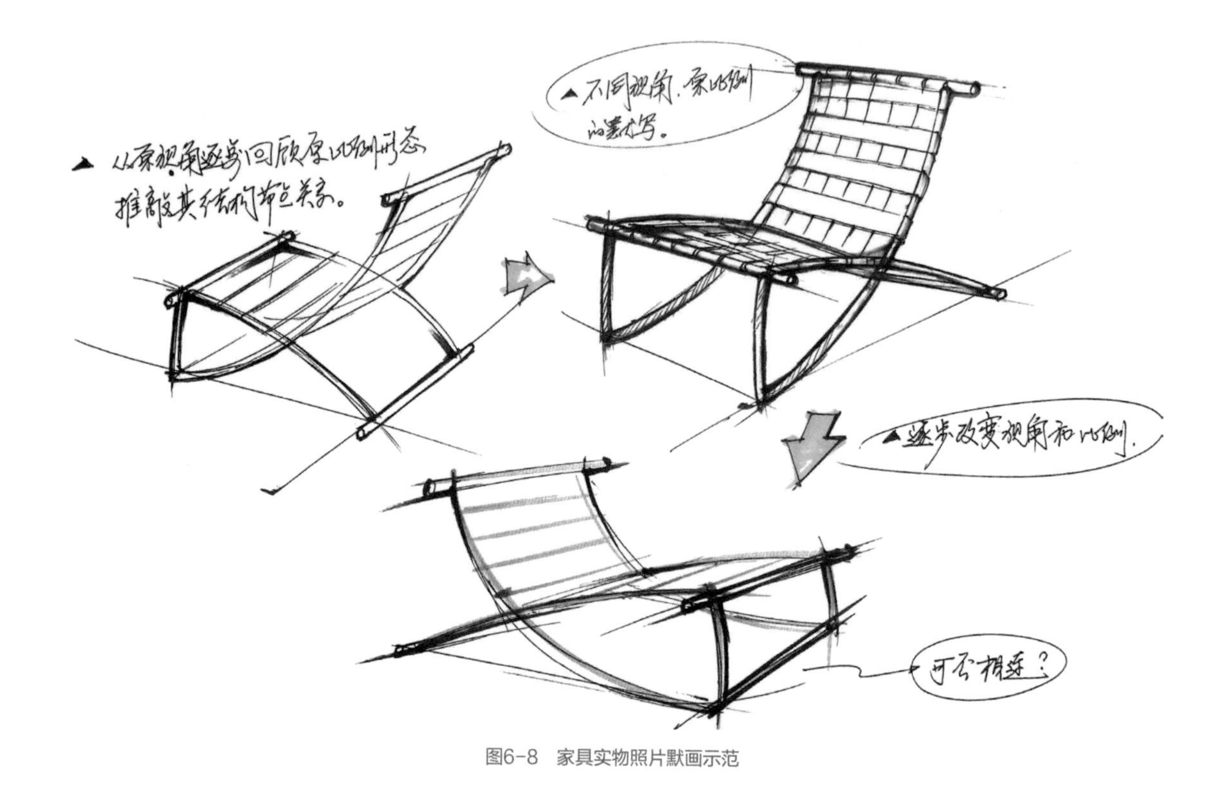

图6-8　家具实物照片默画示范

第四节　变形训练

突破了默画阶段且能保证手绘的准确度后，可尝试对原图造型进行局部和整体改变，如部件数量或增或减，部件比例或大或小，形体方改圆、圆改方等，如此反复训练，力求在对原图默画基础上，按自己的意图准确、快速画出不同的新形态。刚开始可能会比原图方案要难看一些，但是不用灰心，因为通过自己的改造，毕竟已是属于创意的半成品。通过变形训练，逐渐进化为今后自己做新创意形态打好手绘技法表现上的牢固根基。因此，变形训练也是设计手绘中创意思路训练的一种过渡阶段。家具实物照片变形示范如图6-9所示。

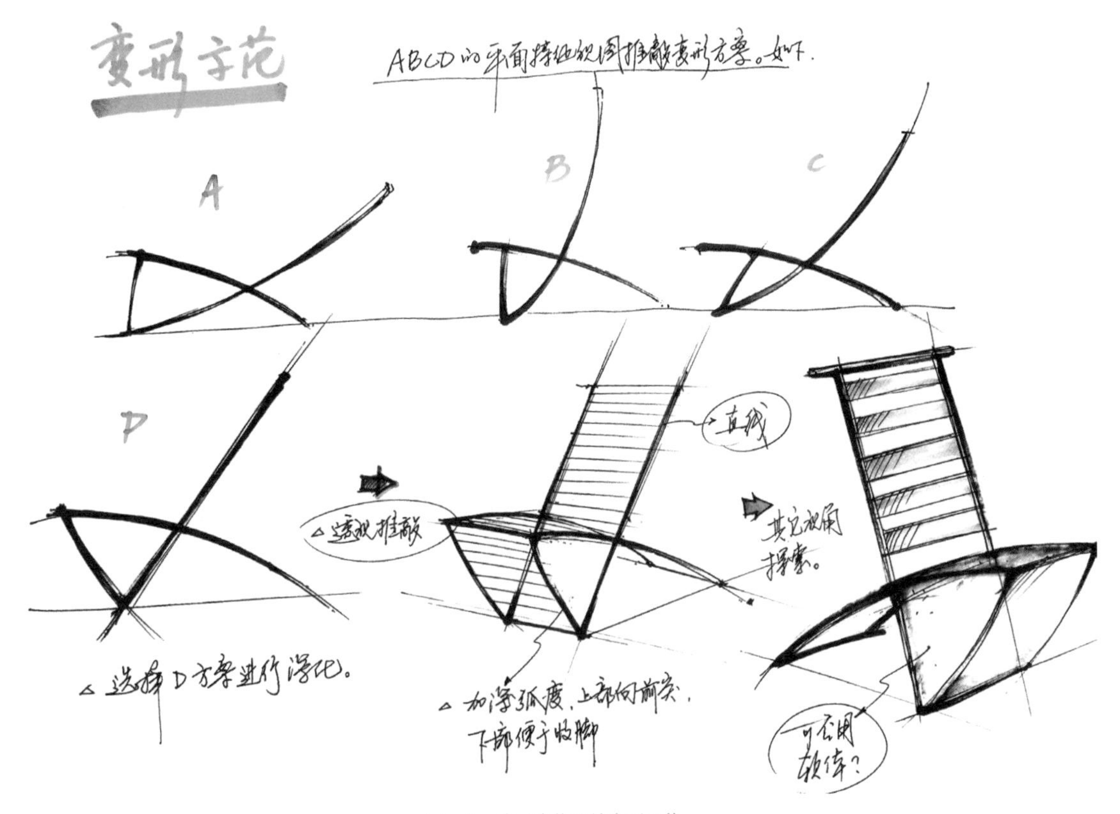

图6-9　家具实物照片变形示范

第五节　家具实物临摹与变形案例综合示范

本节将通过一款树形书架产品效果图的临摹与变形综合示范，让大家完整体会“临摹后再变形”，这是一种让设计手绘基础技法有效衔接过渡到创意思路学习的系统训练方法。我们日常临摹训练，不能为了临摹而去临摹，不能单一追求把眼前的事物画得逼真、好看，那只是检验了较高的手绘技法水平而已。我们还要通过临摹找出该事物的形体规律特点，并通过默画验证自己是否完整掌握了这些形体规律特点，最后借用这些形体规律特点进行变形构思，最终演变出新的造型方案。

一、树形书架临摹训练示范

（1）先观察树形书架产品整体形态，明确正视方向是“最有特征”的视图，从正视图入手，总结形体规律特点，如图6-10所示。

（2）用辅助线定好透视方向，从整体关系上画几个透视小图进行分析，明确结构和比例上的一些重要节点关系。此时强调的是分析过程，线条可较为粗略，如图6-11所示。

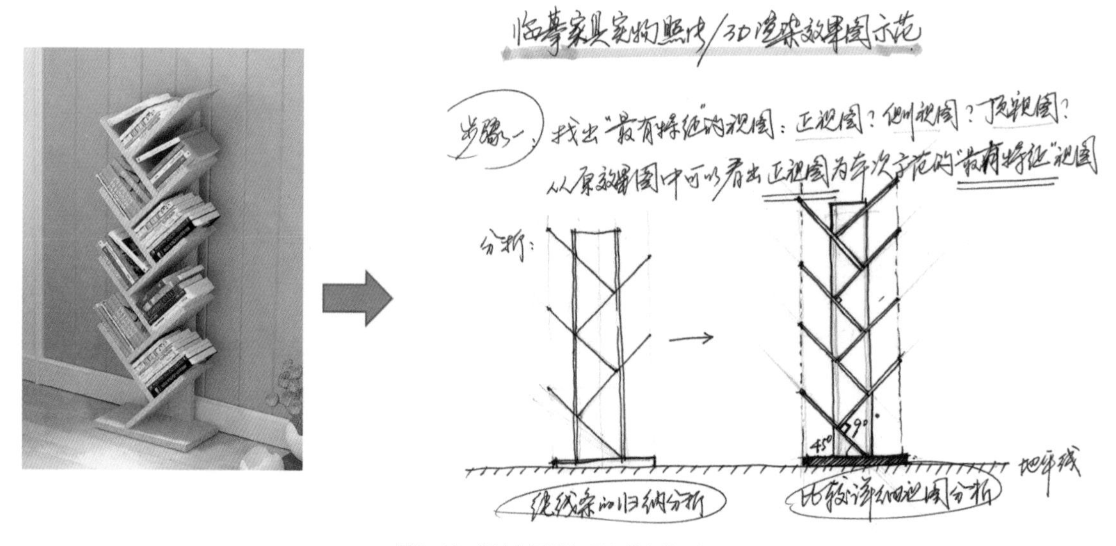

图6-10　画出树形书架最有特征的正视图

画出特征平面视图（上）

画出特征平面视图（下）

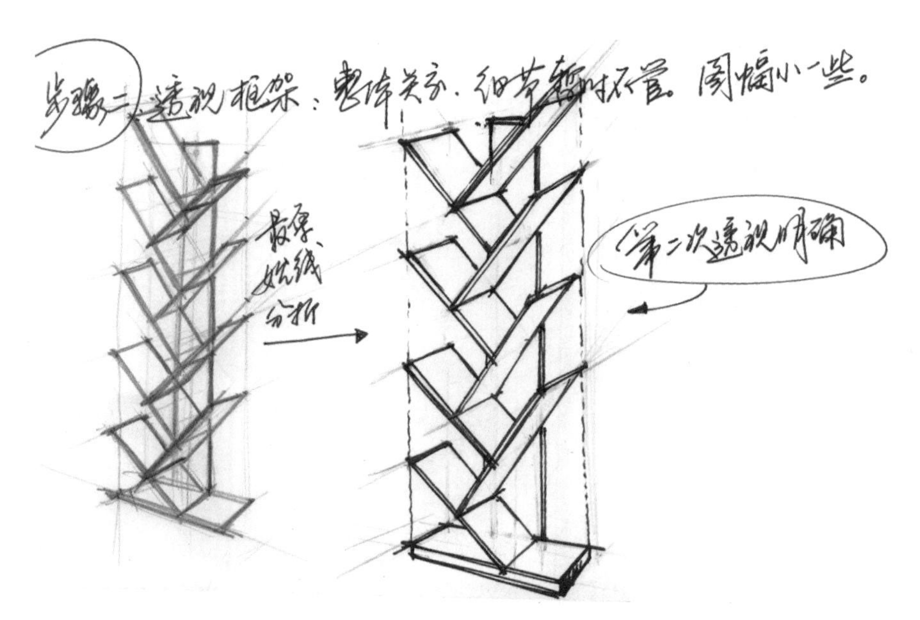

画出透视线框小图（上）

画出透视线框小图（下）

图6-11　画出树形书架的透视分析小图

（3）按照原来的透视视角，运用所学的设计手绘技法临摹出该书架完整的透视草图。由于之前已经明晰了该书架的形体规律特点，画图过程能做到心中有数，保证了透视比例的准确，如图6-12所示。

（4）通过默画进行其他透视视角反复推敲，图幅可小些，侧重验证对该款书架形体规律的把握,如果画不出或造型不自然，说明自己有些特点把握还不够到位，如图6-13所示。

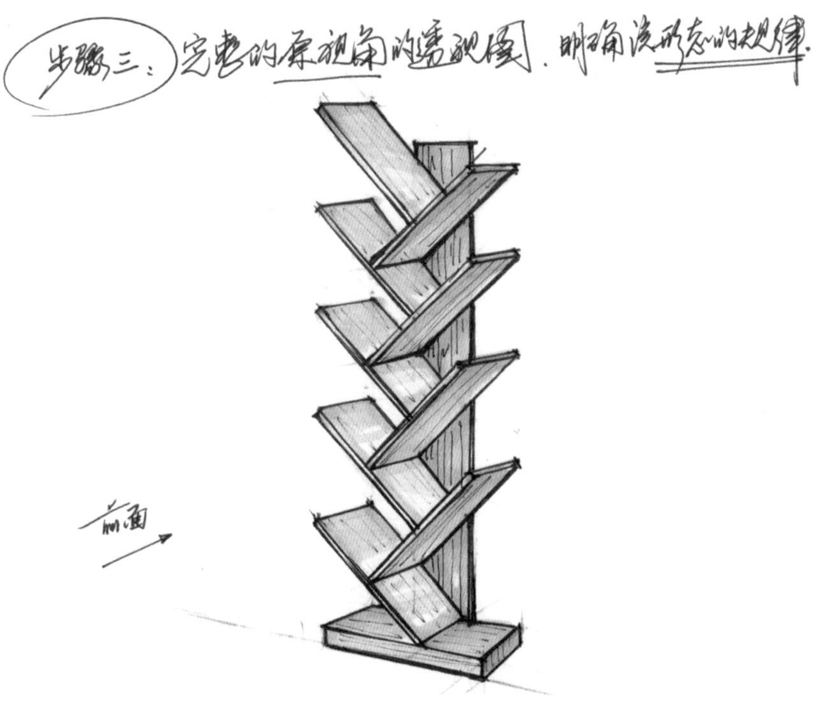

图6-12　画出完整的透视草图

完整表现原视角透视图（上）

完整表现原视角透视图（下）

图6-13　不同透视视角进行默画

其他视角的透视图线框小图

二、树形书架变形训练示范

（1）从“最有特征”的正视图入手，此处将该书架产品分为三个局部：层板、背板、底座，进行变形构思，每个局部可以延伸出若干个正视图变形方案，再尝试从中进行组合变形（红色圆圈），如图6-14所示。

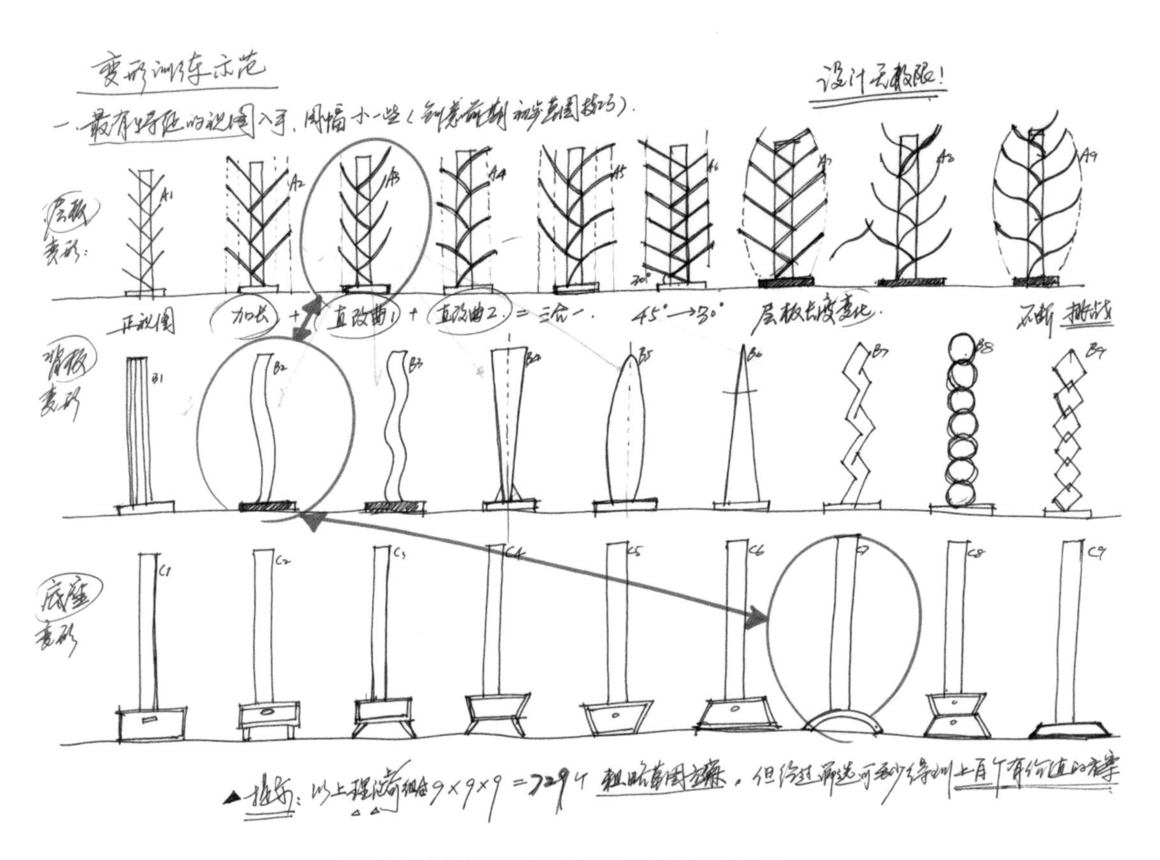

图6-14　分三个局部（层板、背板、底座）进行变形构思

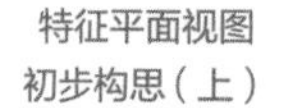

特征平面视图初步构思（上）　特征平面视图初步构思（下）

（2）对选出的变化组合方案，依旧从正视图进行构思，逐步优化比例关系，再转移到画透视框架小图，分析透视关系，如图6-15所示。

（3）选择一个较好的透视框架小图方案，以此为样稿，画出完整的透视草图，如图6-16所示。

变形训练示范.

二、选出较好的正视图方案进行透视图表现

1. 先从大量的正视图方案中筛选出较有潜力的进行优化。A3+B2+C7

2. 对上面已优化的正视图方案进行透视图框架的小图分析.

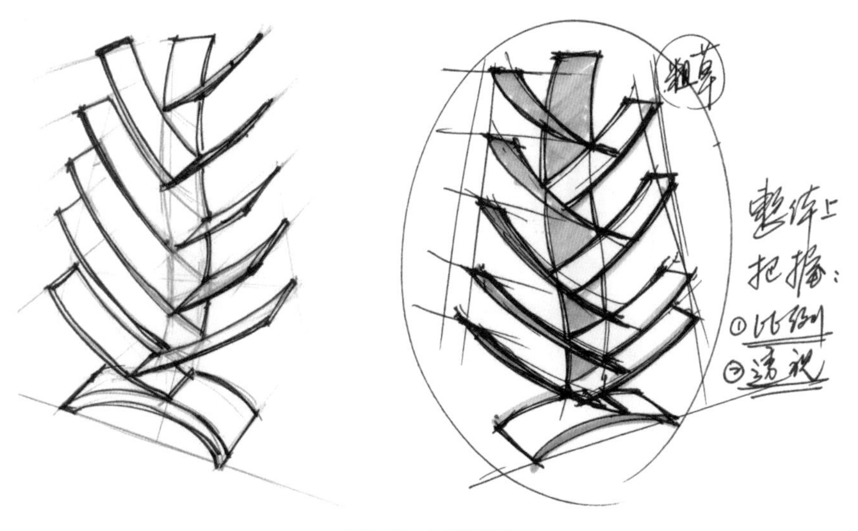

特征平面视图优化

透视线框小图分析

图6-15　分析透视关系

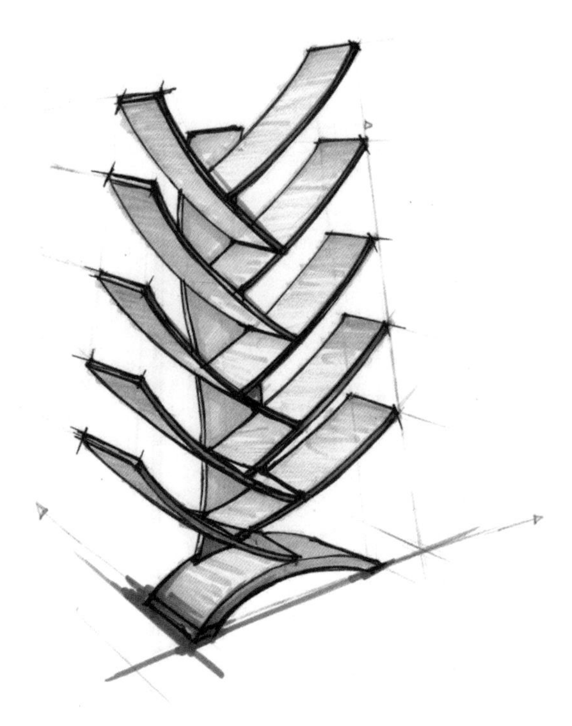

图6-16　画出变形构思后的新树形书架方案透视表现图

完整透视图表现

作业与思考

1. 家具设计手绘临摹有哪些类型？临摹他人的优秀设计手绘作品和临摹实物照片有什么区别？
2. 为什么要进行默画训练？默画过程中遇到障碍怎么处理？
3. 如何理解临摹训练、默画训练、变形训练之间的递进关系？
4. 对照图6-7至图6-9进行手绘临摹，掌握临摹训练、默画训练、变形训练的方法。
5. 自行找一款造型简单的家具实物照片，参照树形书架临摹训练示范的步骤和方法，进行一次完整的临摹与变形综合训练。

理解设计表达与设计创意思路的关系

第一节　设计技法与设计创意思路相辅相成

设计手绘的终极目标是为创意思路服务的，不是个人技法的炫耀。手绘画得好看也只是一个基本的专业“技法”而已，而真正上升到“技能”层面，则必须把技法有效应用起来，实现通过设计手绘方式激发、推演和完善更多、更好的创意思路。因此，设计手绘技能归结有如下关系，如图7-1所示。

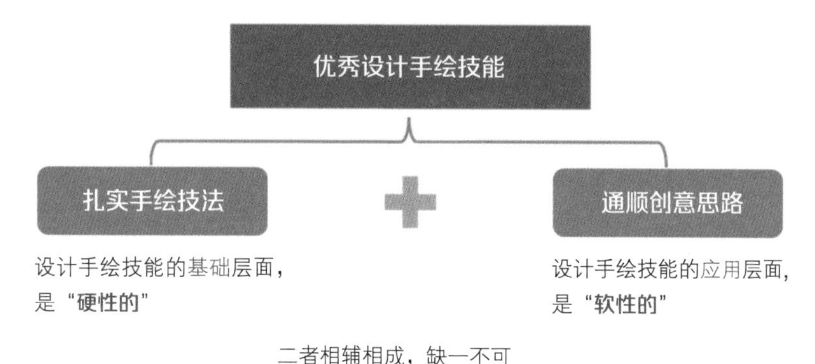

图7-1　优秀设计手绘技能的两个层面

1. 扎实手绘技法（基础层面）

所谓扎实手绘技法，就是要满足之前所提到的三个效果标准：准、快、美。这是基础层面的要求，不仅对着现实中的物体能快速且准确地手绘出来，还要能快速且准确地把自己脑海中想到的构思画出来。这两个也是有所差别的，对于前者我们常称为“速写”，而后者我们却称为“画草图”。

2. 通顺创意思路（应用层面）

所谓设计创意思路，就是指设计想法从无到有、从有到细、从细到精的一个展开过程。

从速写到画草图，再到画出有创意的草图，每个进阶都是一次重大的飞跃。可是好的设计创意绝对不会一下子就能做出来的，哪怕你有了很好的设计灵感，也要把它画出来进行优化完善，把方方面面的因素进行整合，形成最终的设计方案，这是避免不了的过程。我们如何保持设计创意思路通顺，既需要设计师平时注意积累总结，具备一定的项目经验、设计知识及宽广的眼界，又要有科学、合理的设计手绘方法体系来支撑，才能少走弯路。

第二节 粗略草图过程（粗草）——从无到有

一、粗略草图的理论要点

如图7-2所示，粗略草图阶段借用设计手绘基本技法，快速记录创意思路演变过程，画面美观与否不是重点。粗草也能用于设计师之间进行前期讨论，提供了更多的激发新创意思路的营养素材。因此，不要在画面的效果表现上浪费时间和精力，心思要专注于创意思路如何快速连贯地展开。

理 论 要 点

- “粗草”即粗略的草图或草稿，是设计创意“从无到有”的前期思路过程。
- 应用设计手绘技法，快速推敲创意思路演变过程，画面美观与否不是重点。
- 在粗草阶段，我们的心思要专注于创意思路如何快速连贯地展开。

图7-2　设计手绘粗略草图阶段理论要点

二、粗略草图过程的创意思维

发散性构思出大量各种可能性方案，对脑海中一闪而过的每个相对“靠谱”点子——当然不能过于漫无目的乱想，构思还是要有针对性解决问题的，用线条尽可能捕捉并快速描绘下来，而此时根据项目设定的要求和设计造型方法，边描绘某个点子时，也要边推敲其他可能的方向，从而形成大量差异性的粗略概念方案，如图7-3所示。

如果一开始就满足并停留在某个让自己激动的点子上，就会陷入一种“先入为主”的思路限制之中，不但无法生出其他更多的好想法，而且还会严重破坏创意思路的连贯性。

想要摆脱这种思路限制，可以不断自我暗示：“后面一定还有更好的点子在等着我！”“设计无极限，我要挑战自己创意极限！”。在时间允许的情况下，不断强迫自己“还能再想多一个比这个点子更好的方案吗?”如此反复，当创意量变到质变时，你就会发现原来认为不错的点子未必是最好的方案，还有更多更好的创意等着你挖掘。

粗略草图阶段整体性构思比细节表现更重要，不建议对某一个方案描绘太多的细枝末叶，也影响其他潜在价值方案整体构思的连贯性和工作效率。

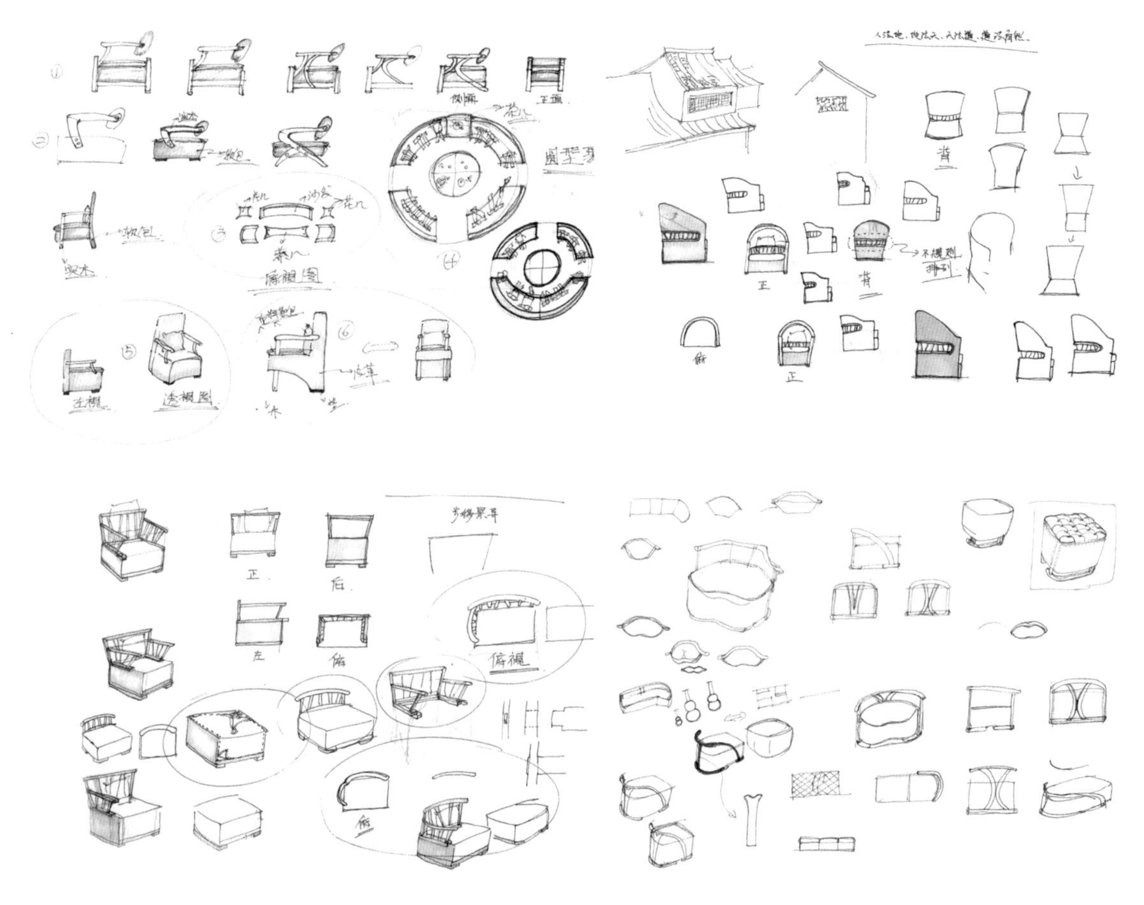

图7-3　新中式系列家具设计粗略草图方案

三、粗略草图过程的手绘技法

以线条推敲为主，可以从主要造型特征的视角开始起笔，不要一上来就想画出一个“完美”的方案，那样只会让你无比苦恼和自卑。请注意：创意是要靠思路来打开，思路靠粗略草图来记录，记录下来的粗略草图能启发你更多的创意，这是一个内在的螺旋上升过程，如图7-4所示。

要学会从上面这些优秀的粗略草图设计原稿中，深入体会其创意思路的演变过程，尤其对每个后期设计方案，要挖掘其前期创意突破原点在哪个粗略草图中形成？之后又是如何一步步演变出来完整形态的？不妨想象自己“时光穿越”，回到优秀设计师当初展开创意思路的情景中，尝试还原他们是如何通过设计手绘粗略草图，一步步演变出优秀的设计方案的。通过这种换位思考的虚拟训练，可以吸取不同优秀设计师的创意思路优点，对补强自己创意思路能力大有裨益。

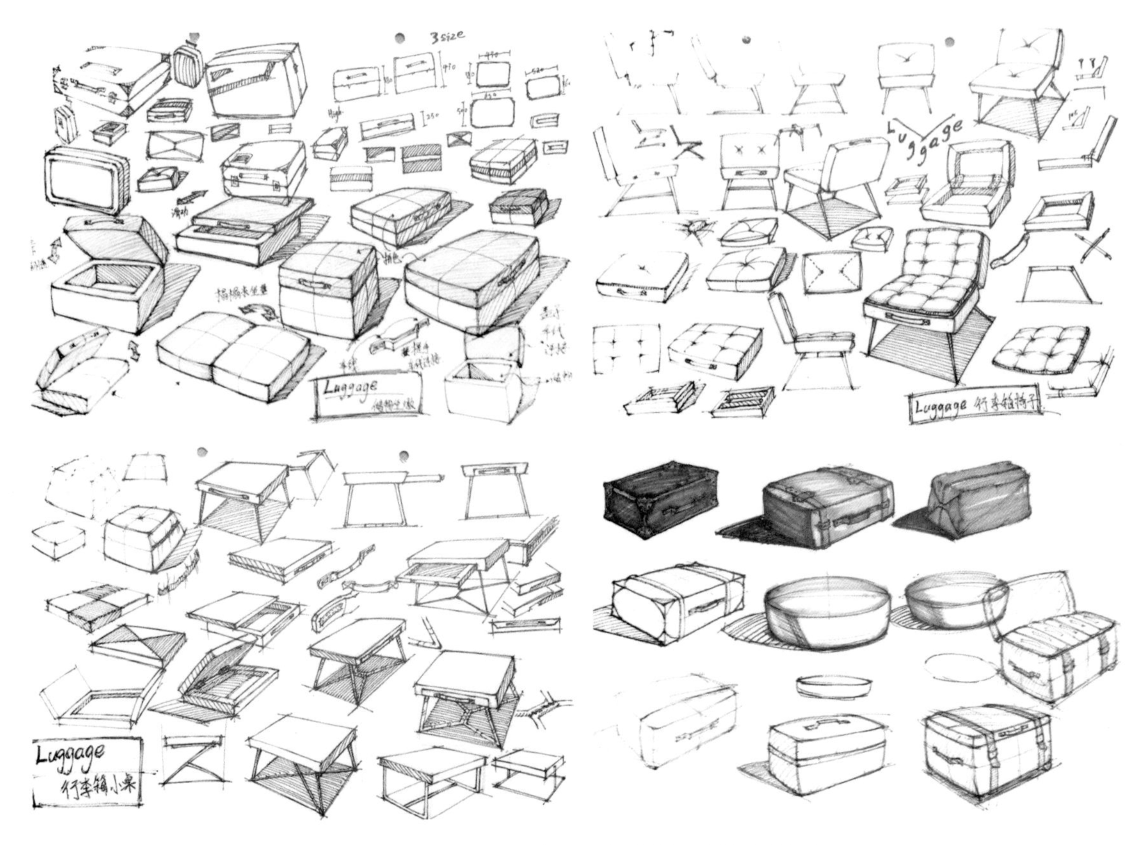

图7-4　现代多功能系列家具设计粗略草图方案（陈飞作品）

第三节　草图深化过程——从有到细

一、草图深化过程的理论要点

如图7-5所示，粗略草图阶段解决了创意“从无到有”的问题，此时应该有大量的粗略草图概念方案，由于项目时间限制，设计师需要转入“深化阶段”，即提炼出有潜在价值的粗略草图概念方案，对形态、功能、结构、材料等细节进行反复推敲，让创意思路更加细化，更具有可行性，即创意“从有到细”的中期阶段。这个阶段中有可能会淘汰一些选出的粗略草图方案，也可能把其中一些粗略草图方案进行整合优化，变成一个新的设计方案。

理 论 要 点

- 深化阶段草图，即提炼出有潜在价值的粗略草图概念方案，对形态、功能、结构、材料等细节进行反复推敲，使其更加细化，更具有可行性，即设计创意“从有到细”的中期阶段。

- 从不同视角来推敲其形态关系，尤其对主要功能节点、主要结构节点进行深入探讨，比粗略草图阶段相对更为细致和严谨了。

图7-5　设计手绘深化阶段理论要点

二、草图深化过程的主要内容

深化阶段也无须花过多的精力在画面表现效果上，基本是以线条为主，也无须打底稿。但是对提炼的粗略草图概念方案，需要用更多不同视角的手绘来推敲其形态细节关系，尤其对主要功能节点、结构节点进行深入探讨，比粗略草图阶段相对更为细致和严谨了。

1. 深化主要形态细节关系

（1）主要的视图方向，便于尺度和比例的推敲，如图7-6所示。

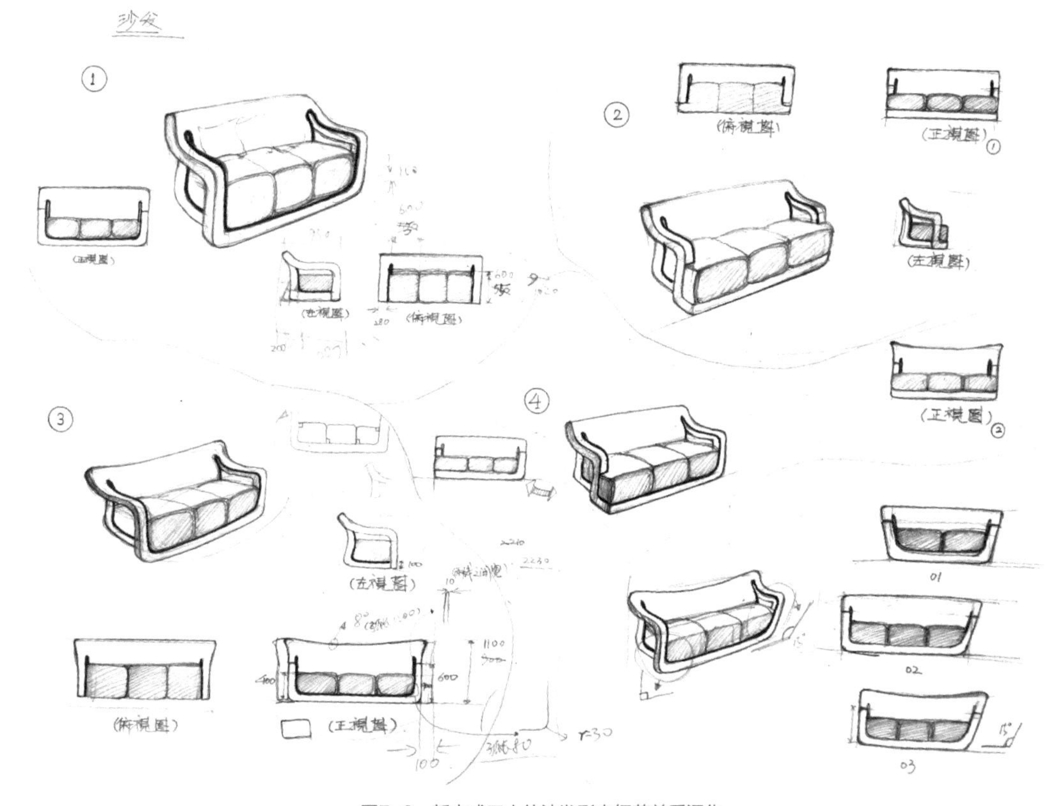

图7-6　新中式三人位沙发形态细节关系深化

（2）不同透视视角的表达，更加立体、形象地展示各个部件与整体之间的关系。

（3）组合家具的布局关系。

2. 深化主要功能节点

当粗略草图阶段打破常规，提出了许多的崭新功能、创意概念后，深化阶段就要对其中主要功能节点进行反复推敲。

所谓“功能节点”，就是某项功能在使用中的主要载体和重要属性。家具设计师必须从用户使用角度出发，在深化阶段对主要“功能节点”进行合理限定。

不同品类的家具，其核心功能虽然侧重有所不同，但是创意思路不一定受到限制，根据不同的目标消费者，大胆进行功能的创新。比如，餐椅就一定只能提供“坐”唯一功能吗？要坐得舒服，难道只有加个软垫或改变靠背与人体腰背的脊椎吻合度吗？未必吧。例如，餐椅除了“坐”的功能，可否增加一个“储物收纳”的功能呢？如果在粗略草图方案中，我们在餐椅座面的底部，草绘一个收纳功能的抽屉，那么这个抽屉就是所谓的“主要载体”，但这不代表是唯一载体，或许还草绘了可拆装的箱子呢？或许挂袋呢？这就是主要功能节点深化的含义，如图7-7所示。

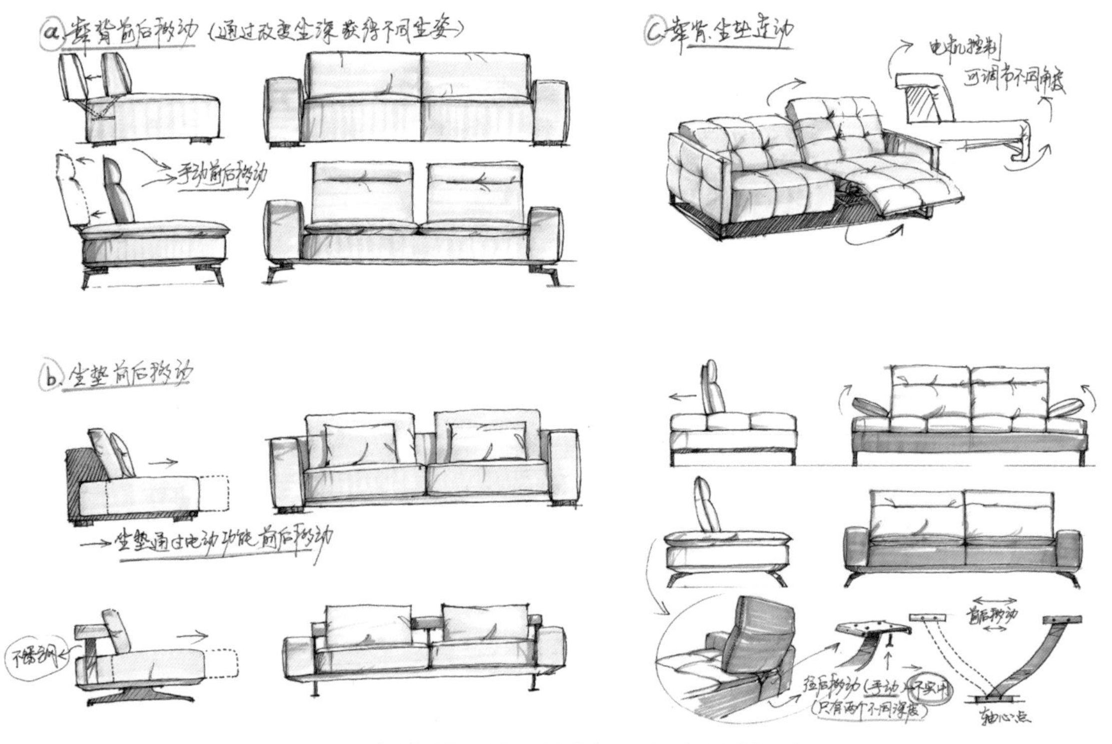

图7-7　多功能沙发设计主要功能节点深化案例（陈水术作品）

3. 深化主要结构节点

很多家具设计师认为家具结构的深化是家具工艺师的责任，这种观念不但对实际创新工作不利，而且还会大大妨碍自己知识面的拓宽和今后职业的发展。优秀的家具设计师必须对自己擅长的品类家具结构有深入的理解，才能更好地利用设计手绘表现自己的设计方案。

所谓“结构节点”，就是零件或部件之间如何合理连接组合的方式。家具设计师必须从有利于功能实现、成本、工艺可行性等角度，提出自己的主要结构节点的创新主张，从而为后期家具工艺师跟进提供可能的结构设计概念，如图7-8所示。

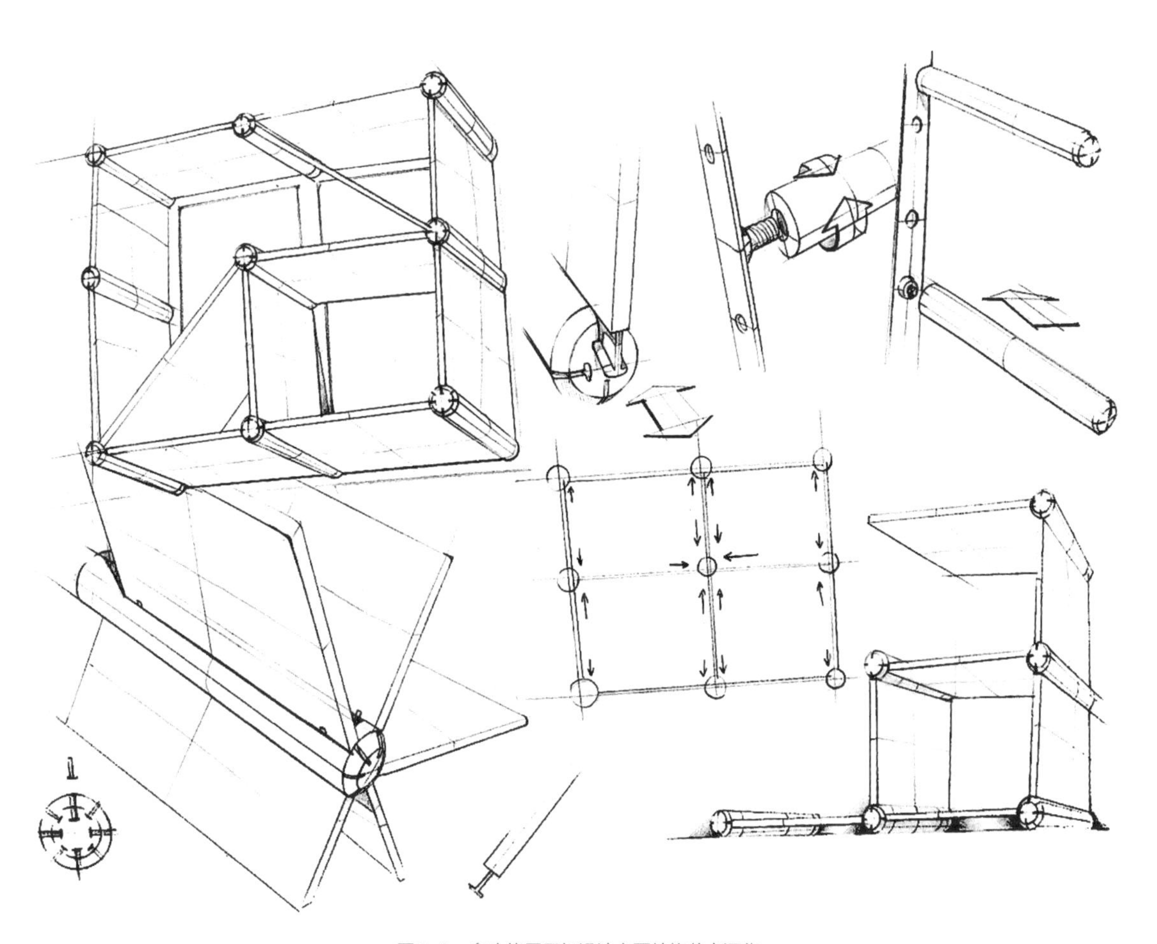

图7-8　多功能展示架设计主要结构节点深化

第四节　精确草图过程（精草）——从细到精

一、精确草图的理论要点

精确草图的理论要点如图7-9所示。深化阶段在粗略草图基础上，收窄并提炼了创意思路数量和质量，此时，整体的创意思路都基本具体化了。但是现在的创意思路都只是体现在一些比较原始粗略的草稿之中，一些更为精确和细致的比例尺度、材质色彩搭配等还需要进一步明确。同时，如何让自己前面所有的大量设计手绘工作艺术性整体呈现给评审人员，让其快速全面理解并认同呢？精确草图就是最好的呈现方式。

理论要点

◆ 精草即是精确的草图或方案手绘效果图，是设计创意“从细到精”的后期思路过程。

◆ 在深化阶段草图基础上，把比例尺度、材质色彩搭配等要素进行更为精确、细致、完整的表现。

图7-9　设计手绘精确草图阶段理论要点

精确草图不仅在内容上精炼合理，在表现方式上，还要全面应用设计手绘的技法或计算机设计软件综合技能，深入、细致、精确、生动地表达出你最满意的创意效果。

二、精确草图的主要内容

精确草图的主要内容一般包含：主题名称；设计说明概要（精炼生动简短，一般约200字）；主要透视角度大图1个；次要透视角度小图1~2个（起补充、辅助呈现作用）；主要视图1~2个，包含基本尺寸；局部细节放大图若干个等。

三、优秀设计手绘精确草图作品案例

优秀设计手绘精确草图作品案例如图7-10至图7-12所示。

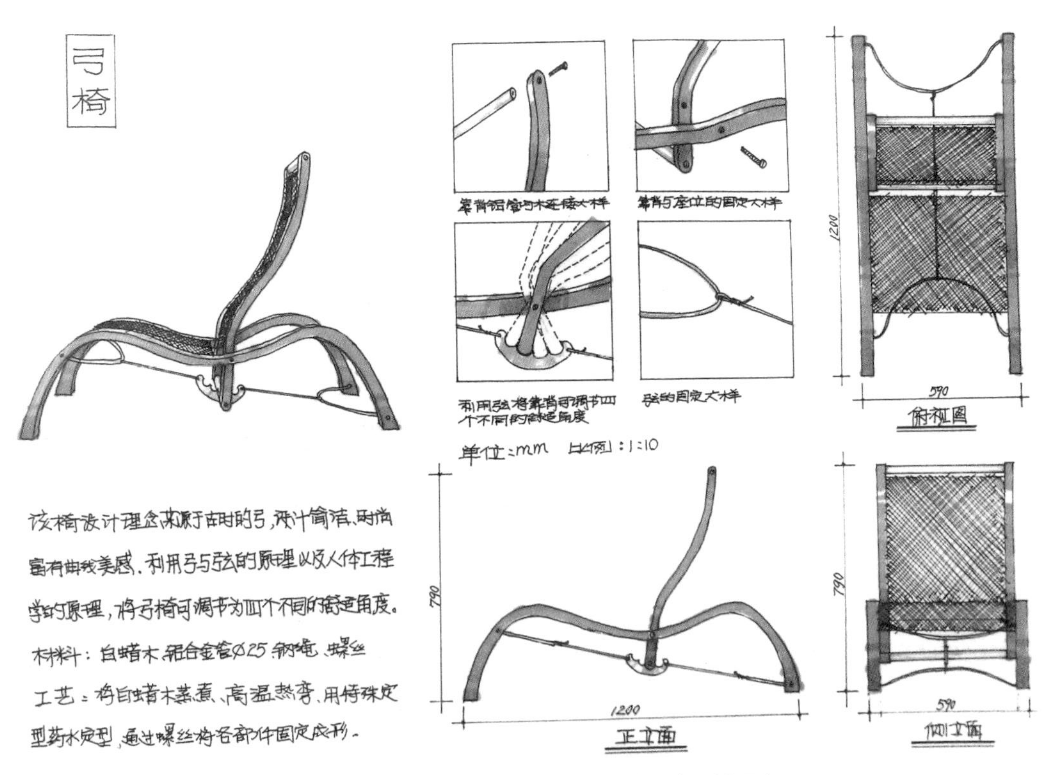

弓椅
靠背铝管与木连接大样
靠背与座位的固定大样
利用弦将靠背可调节四个不同的舒适角度
弦的固定大样
单位：mm　比例：1:10
1200
590
俯视图
790
1200
正立面
790
590
侧立面
该椅设计理念来源于古时的弓，设计简洁、时尚富有曲线美感。利用弓与弦的原理以及人体工程学的原理，将弓椅可调节为四个不同的舒适角度。
材料：白蜡木、铝合金管Ø25、钢绳、螺丝
工艺：将白蜡木蒸煮、高温热弯、用特殊定型药水定型，通过螺丝将各部件固定成形。

图7-10　弓椅——竹家具躺椅设计手绘案例（干珑作品）

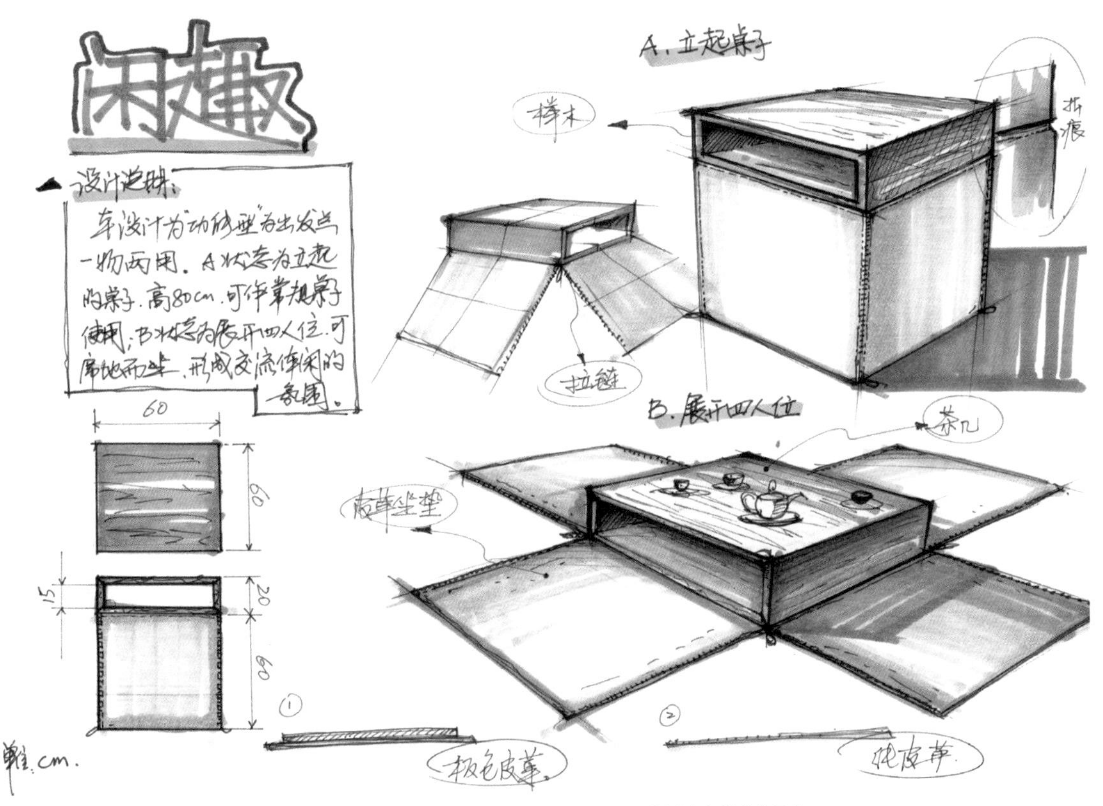

图7-11　闲趣——多功能休闲茶桌设计手绘案例（文麒龙作品）

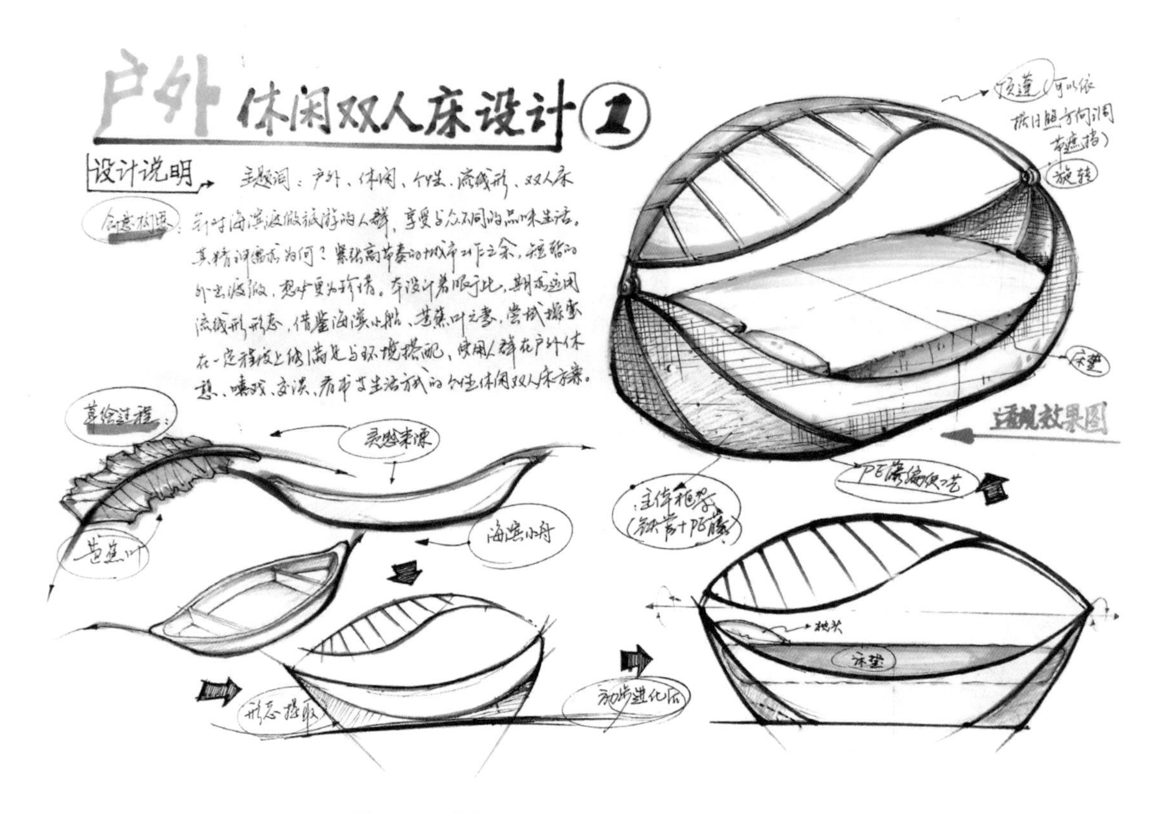

图7-12　户外休闲双人床设计手绘案例（文麒龙作品）

作业与思考

1. 简述设计手绘技法与设计手绘技能的关系。
2. 设计创意思路的定义是什么？
3. 如何理解粗略草图过程中的创意思维？粗略草图过程中手绘技法的特点是什么？
4. 草图深化过程的三个主要内容是什么？
5. 临摹图7-3和图7-4，理解和掌握粗略草图过程中的技法特点，体会原创者的创意思路是如何展开的。
6. 临摹图7-6至图7-8，理解和掌握草图深化过程中的三个主要内容。
7. 任选图7-10至图7-12中的一张进行临摹，理解并掌握精确草图绘制的技法特点。

家具设计手绘实战项目案例示范

本章主要通过五个家具设计手绘实战项目案例示范，列举了其部分前期原创构思粗略草图和深化草图、最终的精确草图方案及精细的3D建模渲染效果图，最后提供产品实物照片进行比对，力求还原设计手绘在家具实战项目开发过程中的作用，让大家真切体会设计师掌握良好的手绘技法和创意思路的重要价值。另外，也可体会到不同的家具设计品类对设计手绘技法要求的差异性，对不同设计师的手绘风格可以有所借鉴。

第一节　中端电商鞋柜家具设计手绘实战项目

一、项目概况

本项目是广东省佛山市顺德区川凡智能家居有限公司于2019年8月合作设计的家具新产品项目，并于2019年12月顺利投放电商市场，受到广泛好评。

项目名称：中端电商鞋柜家具设计。

家具品类：双门对开板式鞋柜。

终端定价：约2500元/件。

市场定位：后现代、轻奢风格，时尚、简约；可拆装，便于电商包装运输；主推国内25~35岁新婚/新房入住、追求个性和品位、喜好网购的中等收入年轻人群。

工艺材料：烤漆工艺+高密度人造板、电镀工艺+金属。

主创设计师：文麒龙、干珑。

二、项目前期设计手绘草图

经过前期调研和资料分析后，我们围绕项目定位要求，抓住最有特征的正视图进行大量的粗略草图构思，运用快速流畅的线条，捕捉各种创意灵感，如图8-1所示。

通过反复比较，从大量的粗略草图方案中筛选出较为有潜力的方案进行深化分析，完善形态细节和结构节点，如图8-2所示。

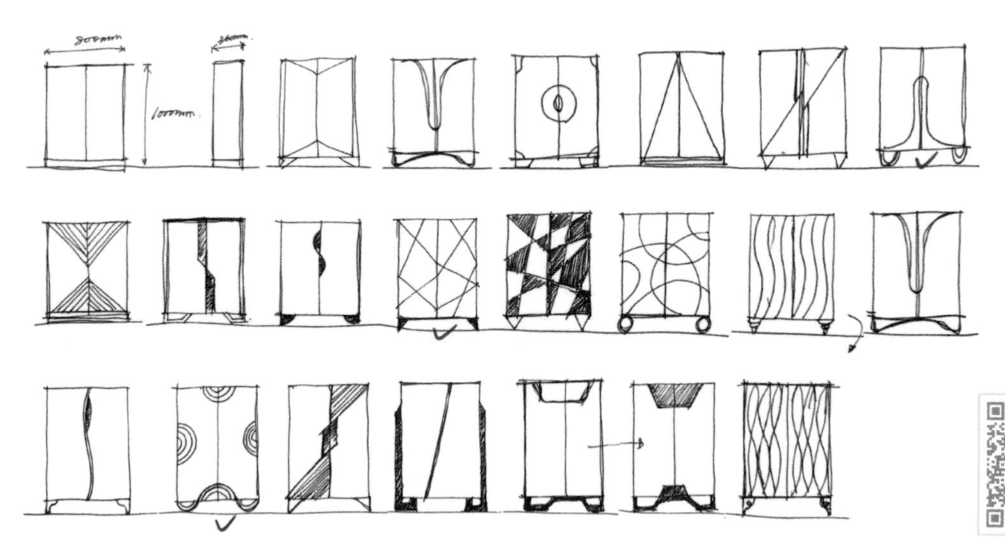

图8-1 鞋柜前期大量粗草设计方案

手绘示范

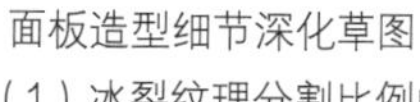

面板造型细节深化草图

（1）冰裂纹理分割比例的优化

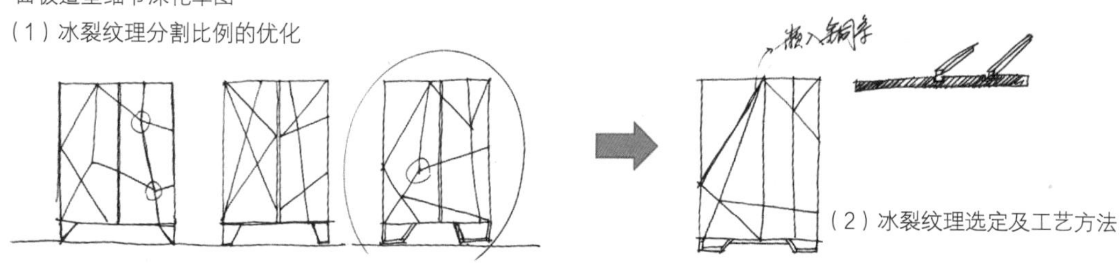

（2）冰裂纹理选定及工艺方法

支撑金属脚造型细节深化草图

（1）支撑脚深化方案一

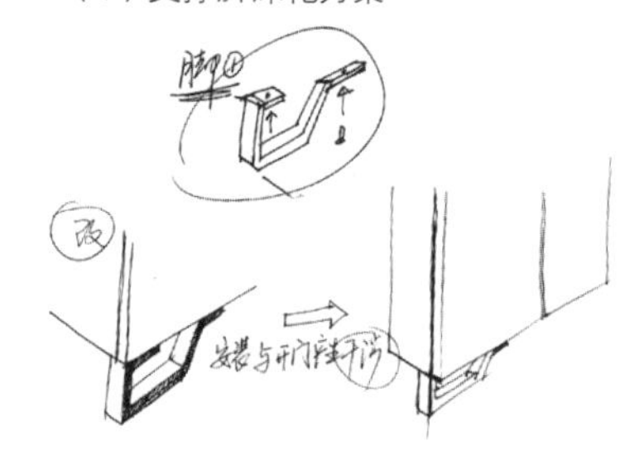

（2）支撑脚深化方案二

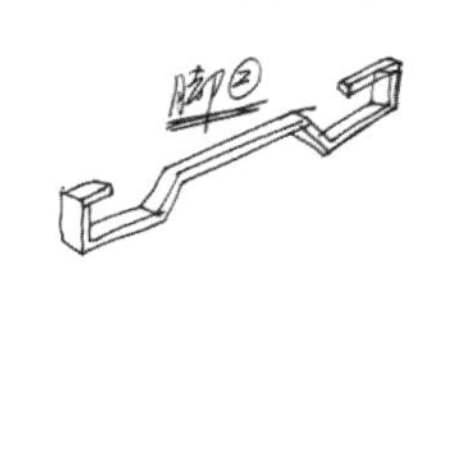

（3）支撑脚深化方案三

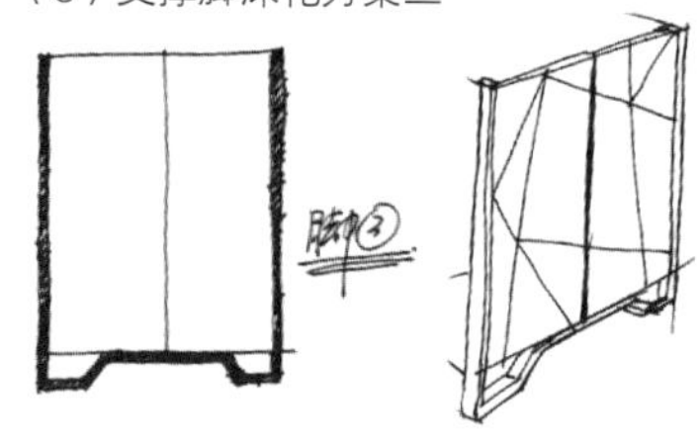

图8-2 鞋柜草图深化过程

单体家具手绘深化（上）

单体家具手绘深化（下）

经过了深化草图阶段的分析，我们基本明确了完整的设计创意方案细节及结构方式，采用无把手隐形门，下面通过精确草图手绘将整体形态进行精细深入的表现，如图8-3所示。

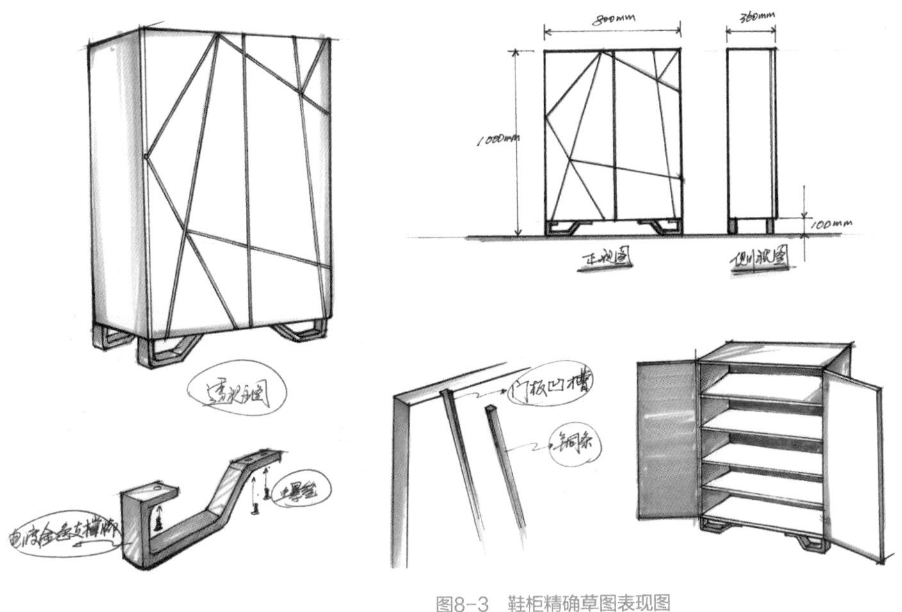

图8-3　鞋柜精确草图表现图

单体家具精确草图表现

三、项目3D建模渲染效果图

经过前期完整的设计手绘创意构思，最终设计方案已经基本确定，我们就可以运用3DSMAX设计软件，对照精确草图表现图进行更加精准的3D建模和逼真的材质渲染，进一步验证设计方案的外观效果，如图8-4所示。

图8-4　鞋柜3D建模渲染效果图

四、产品实物照片

大家可以根据图8-5客户自拍的产品实物图，与我们的设计手绘创意方案进行比较，感受实战项目的设计环节过程。

图8-5 鞋柜实物在不同客户家中的情景

第二节 高端实木真皮沙发家具设计手绘实战项目

一、项目概况

本项目是广东省知名家具企业佛山市前进家具有限公司于2013年12月着手设计的家具新产品项目，并于2014年6月顺利投放市场，受到广泛好评。

项目名称：“原木世家”客厅沙发系列家具。

家具品类：三人位/二人位/一人位沙发各一个，茶几一个，边几两个。

终端定价：约13万元/套。

市场定位：国内45~60岁既喜好传统实木家具又追求时尚品位的高端收入人群。

使用环境：高档别墅、高档商品房、高档酒店大堂。

主要材料：非洲金丝鸡翅木、进口高档真皮。

主创设计师：陈国记——2012年毕业于顺德职业技术学院设计学院家具艺术设计专业。

二、项目前期设计手绘草图

该项目主要侧重沙发扶手和靠背的形态创意，该设计师运用自由随性的线条笔触，一边发散思维一边不断记录、推敲脑海中的新颖造型。因设计师设计手绘技法较熟练，对复杂的线面关系表达到位，从不同的透视视角画了大量的草图，现摘选部分草图供大家学习参考，如图8-6至图8-9所示。

图8-6　沙发前期创意构思手绘草图1

图8-7　沙发前期创意构思手绘草图2

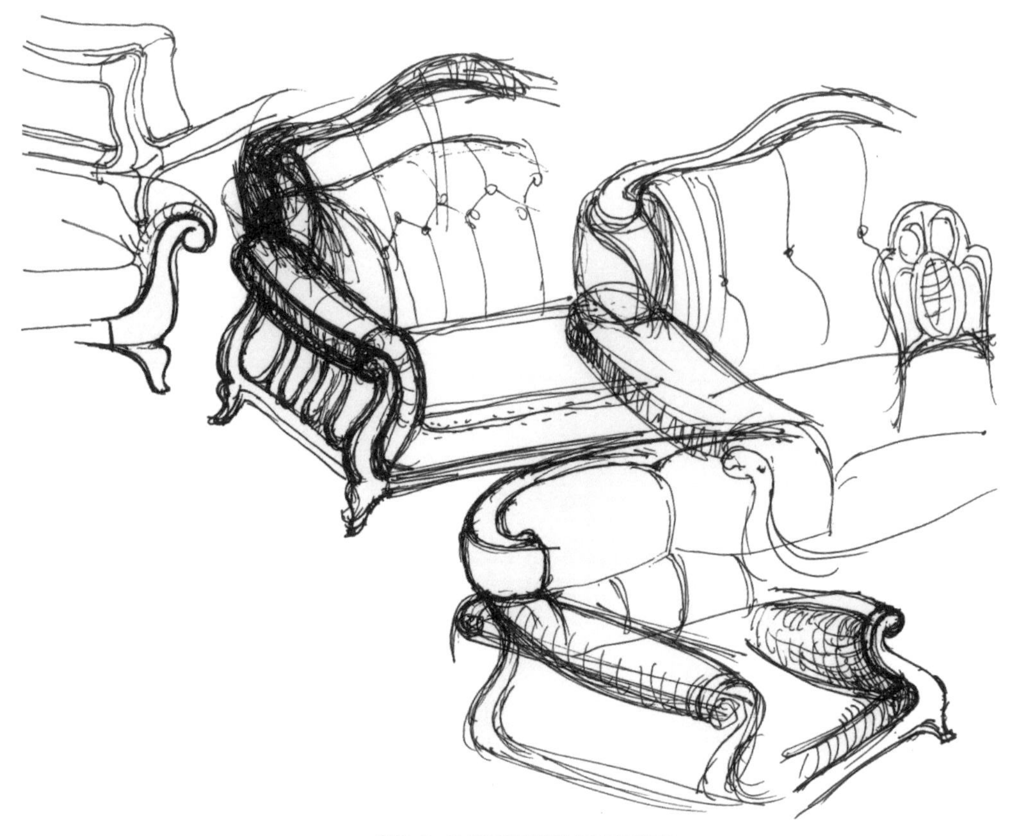

图8-8　沙发前期创意构思手绘草图3

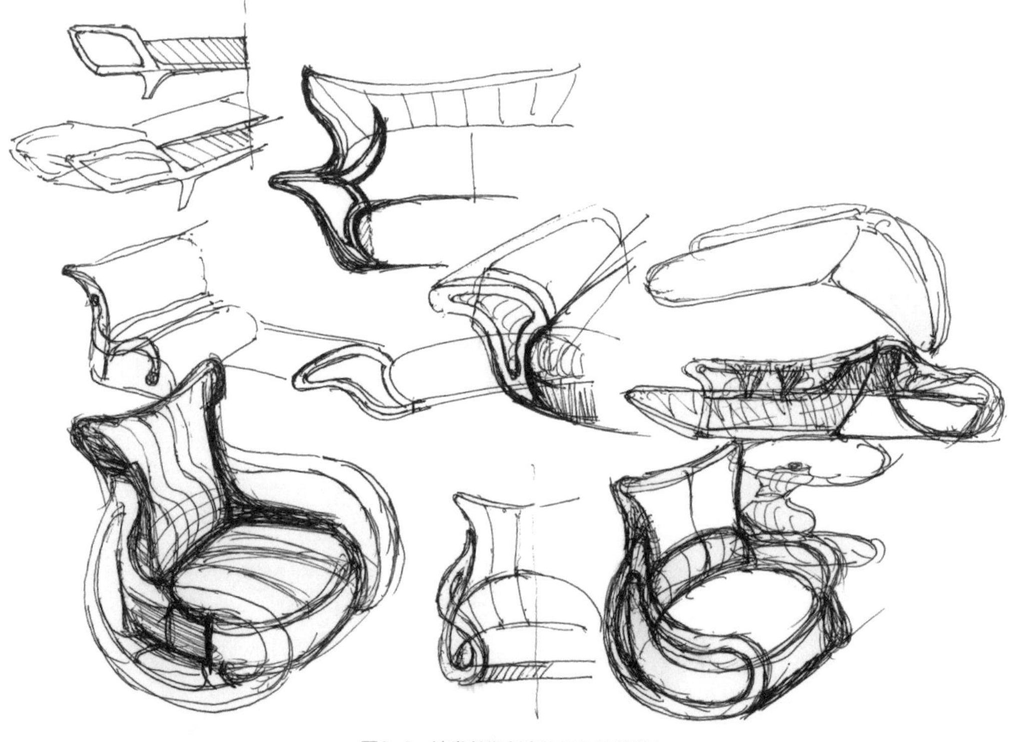

图8-9　沙发前期创意构思手绘草图4

完成了前期大量的粗略草图构思后，通过各种方案比较，一些较有特点的方案想法基本定型，还要深入斟酌产品的形态细节和结构方式。该设计师采用较特别的方法，对选定的方案进行结构剖析和精确草图绘制，如图8-10所示。

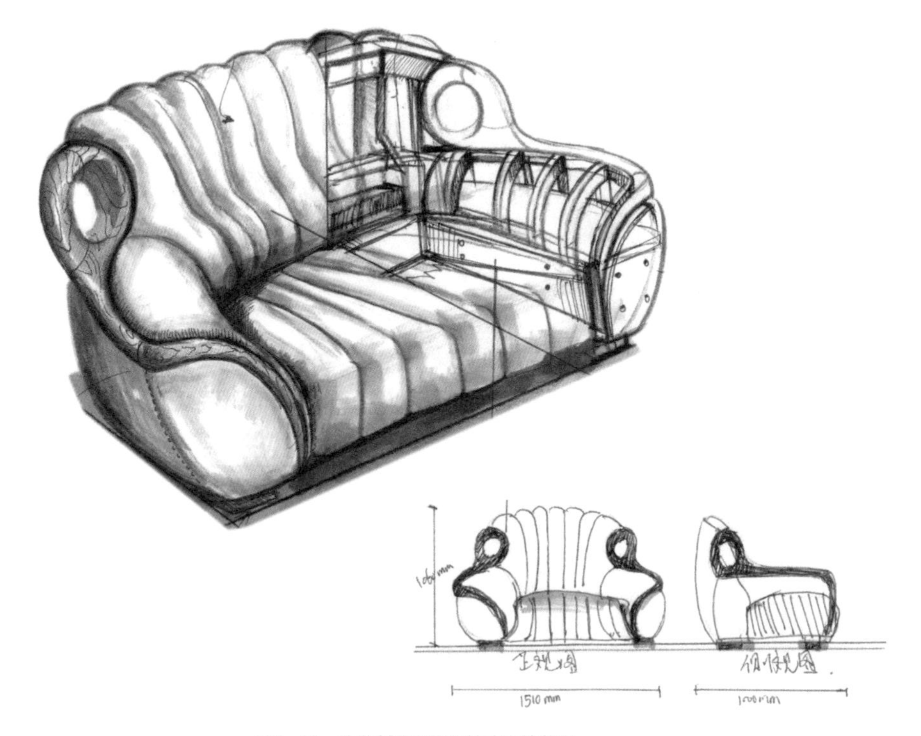

图8-10　沙发创意深化和精确手绘草图

三、项目3D建模效果图

由于该项目是家具系列设计，该设计师从单人位沙发入手完成设计手绘创意后，先进行最终单人位沙发设计方案的3D建模和渲染，如图8-11所示，再延伸出该系列其他尺寸规格沙发的3D建模方案，如图8-12所示。

图8-11　单人位沙发3D建模渲染效果图

图8-12　三人位/单人位沙发3D建模渲染效果图

四、产品实物照片及设计说明

产品实物照片及设计说明如图8-13所示。

孔明沙发
沙发灵感源自三国时孔明帽的外观造型
线条流畅，凹凸有致，寓意着智慧与忠义
诸葛巾即纶巾，古时头巾名
幅巾的一种，以丝带编成
相传为三国时诸葛亮所创，又称“诸葛巾”
后被视作儒将的装束
当您把这套沙发放在客厅空间，能让客厅显得非常高雅且有品位，
更加凸显了您的智慧与涵养。

图8-13　产品实物及设计说明

第三节　高端实木餐椅家具设计手绘实战项目

一、项目概况

本项目是广东省知名家具企业佛山市前进家具有限公司于2015年7月着手独立设计的家具新产品项目，并于2016年1月顺利投放市场，受到广泛好评。

项目名称：“原木世家”餐椅家具。

开发动因：由于上面“原木世家”客厅沙发系列家具项目获得市场认可，公司决定追加开发餐厅系列。主要搭配“原木世家”客厅沙发系列家具销售，也可单独销售。面对的使用人群依然是国内既喜好传统实木家具又追求时尚品位的高端收入人群。

主要材料：非洲金丝鸡翅木、进口高档真皮。

终端定价：约6000元/件。

主创设计师：陈国记 ——2012年毕业于顺德职业技术学院设计学院家具艺术设计专业。

二、项目前期设计手绘草图

结合已经上市的“原木世家”客厅沙发系列家具风格，进行大量近似风格的粗略草图方案构思，摘录部分草图，如图8-14和图8-15所示。

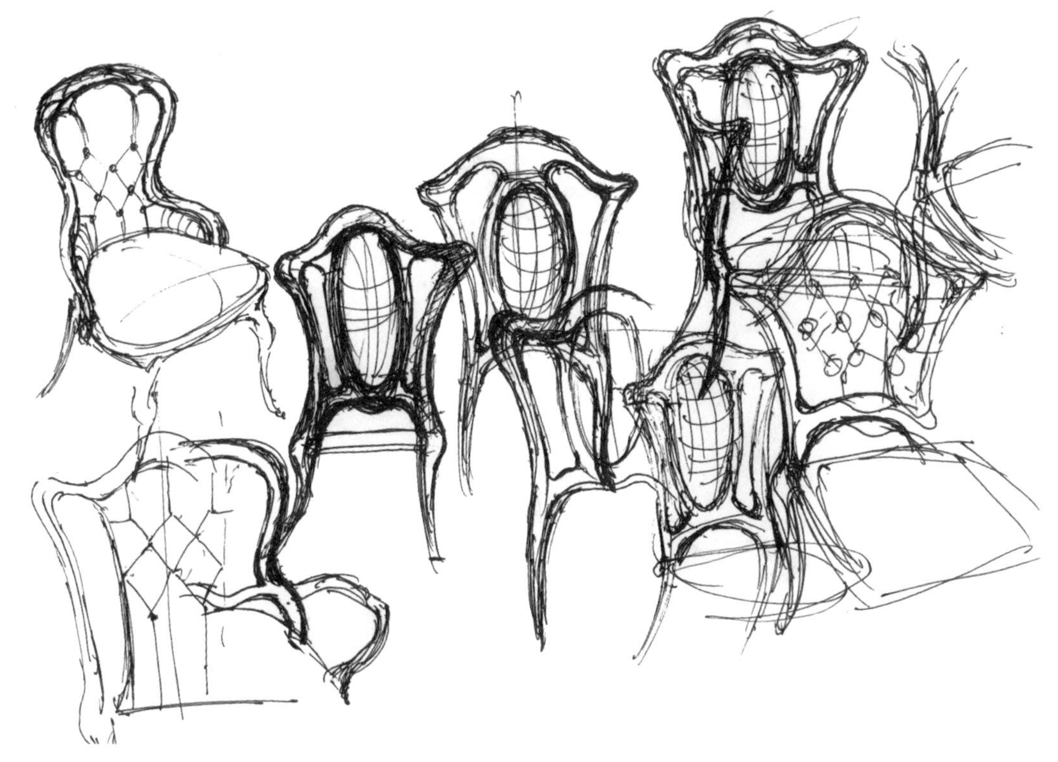

图8-14　餐椅前期创意构思手绘草图1

图8-15　餐椅前期创意构思手绘草图2

通过粗略草图方案筛选，找出较为理想的方案进行精确草图绘制，如图8-16所示。

图8-16　餐椅前期创意精确手绘草图

三、项目3D建模效果图

运用3DSMAX设计软件，对照精确草图进行更加精确的3D建模和逼真的材质渲染，进一步验证设计方案的外观效果，如图8-17所示。

图8-17　餐椅3D建模效果图

四、产品实物及设计说明

产品实物及设计说明如图8-18所示。

品名：餐椅
木材：乌金木
设计理念：设计借鉴明代圈椅。靠背优雅的微妙曲线，对人体腰部具有恰到好处的包围与承托作用，充分响应当代生活方式的人体工程学参数。寻找合适的比例和尺度，在一点点弧度之间反复推敲，将木之自然生命力还原到一把椅子中。用细腻的方式表达出典雅的文人气质。

图8-18　产品实物及设计说明

第四节　中端多功能软体家具设计手绘实战项目一

一、项目概况

本项目是广东省知名家具企业佛山市斯高家具有限公司于2019年5月着手设计的家具新产品项目，并于2019年10月顺利投放市场，受到广泛好评。

项目名称：“坐躺一体化”功能客厅沙发家具系列。

家具品类：三人位沙发、二人位沙发、一人位沙发各1件。

终端定价：约3.5万元/套。

市场定位：国内25~40岁有一定生活阅历、追求现代时尚品位的中端收入人群。

使用分析：可放于办公室或家庭客厅，便于坐、躺休息，还可以根据不同身高调节舒适坐姿。

主要材料：皮革、金属、木材及电动配件。

主创设计师：陈水术 ——2009年毕业于顺德职业技术学院设计学院家具艺术设计专业。

二、项目前期设计手绘草图

通过对项目定位要求的分析，可分解出三种不同坐姿可调节方式：靠背前后移动、坐垫前后移动、靠背和坐垫一起移动。手绘上述三种调节方式的草图，直观明了，如图8-19所示。

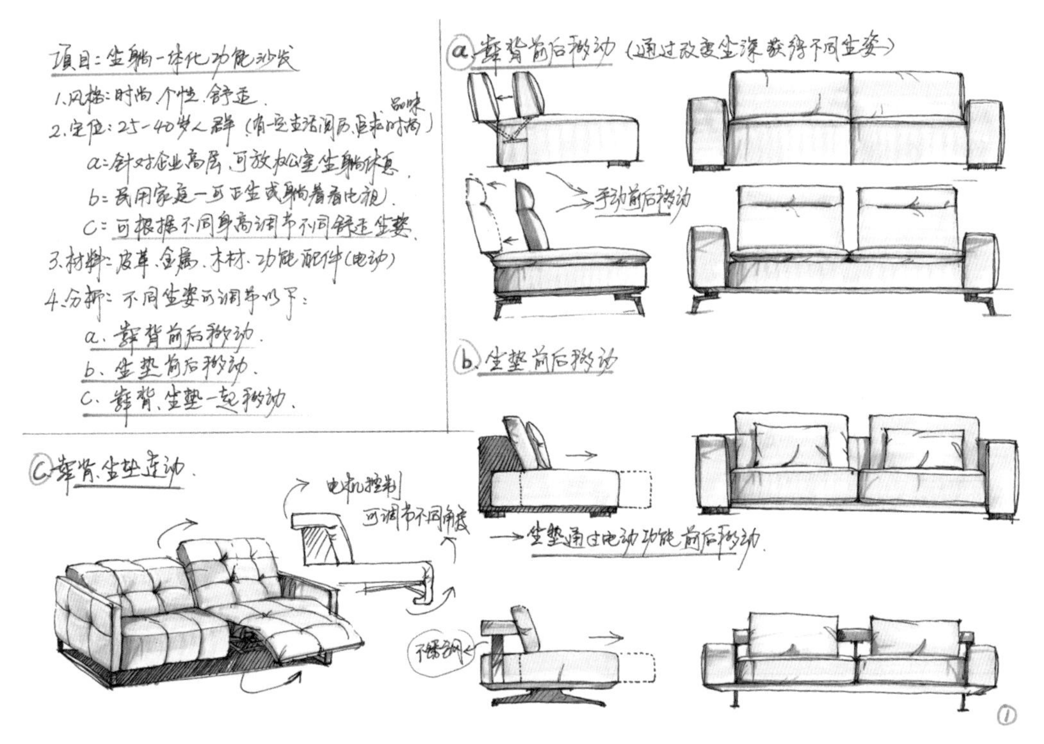

图8-19　多功能沙发前期创意构思手绘草图1

从最有特征的侧视图进行各种粗略草图方案设计，如图8-20所示。

深入研究电动金属机构配件的运作方式及如何与沙发内部有效组合，如图8-21和图8-22所示。

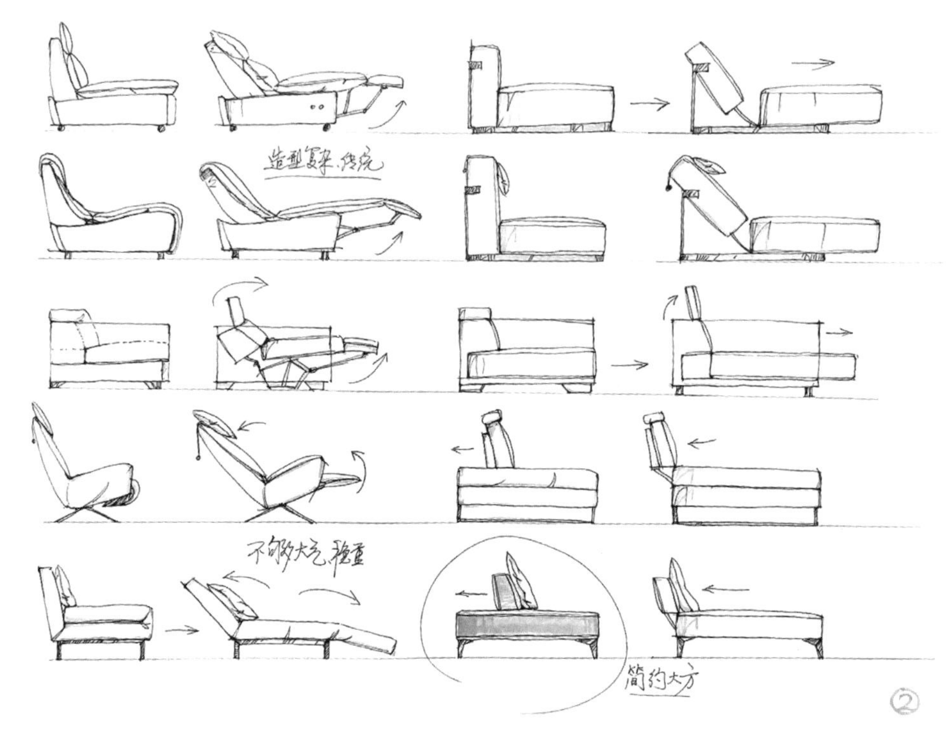

图8-20　多功能沙发前期创意构思手绘草图2

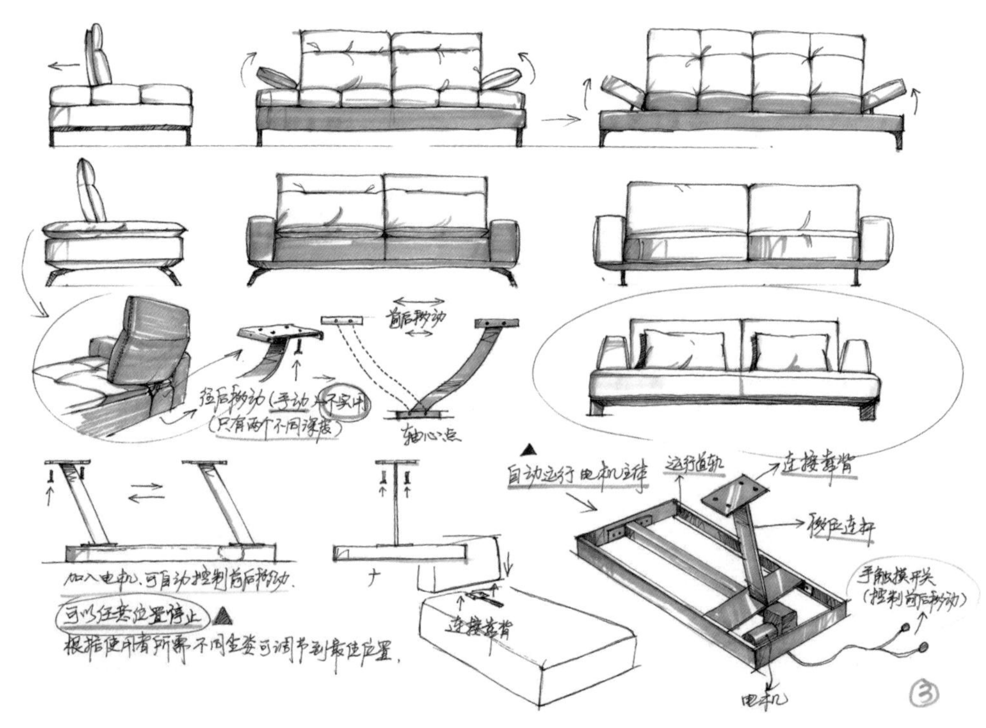

图8-21　多功能沙发深化阶段构思手绘草图1

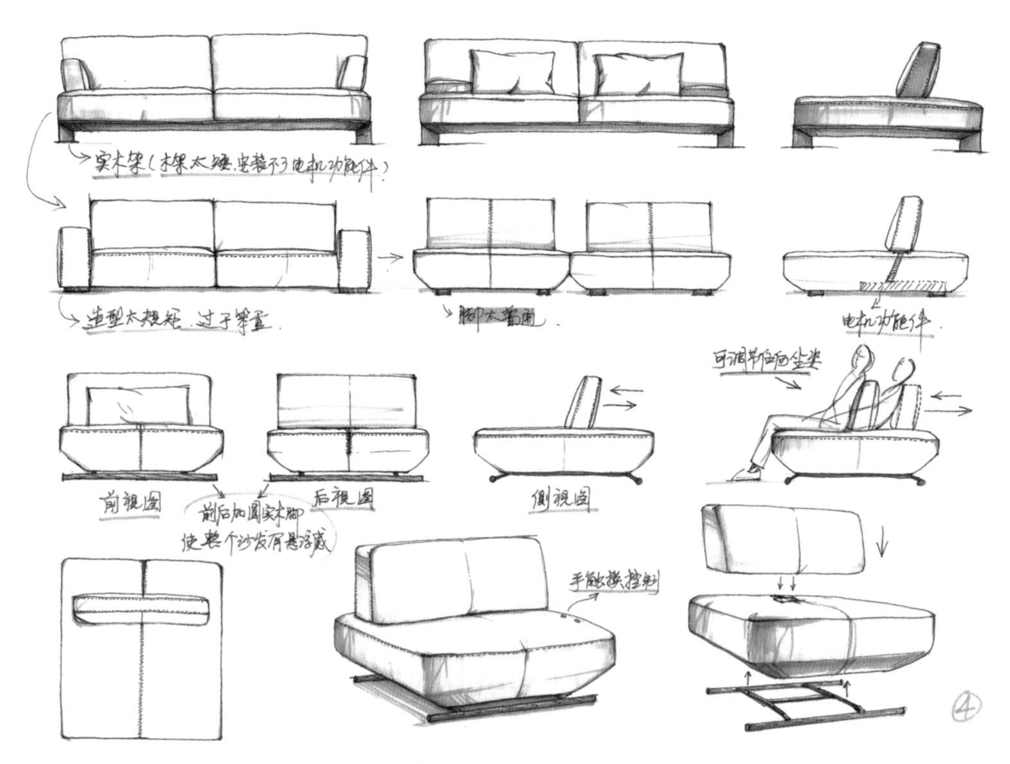

图8-22　多功能沙发深化阶段构思手绘草图2

明确了沙发靠背前后移动的结构方式后，再结合马克笔画出组装爆炸图，同时还要画出尺寸图和透视主图，整体画面生动、美观，如图8-23所示。

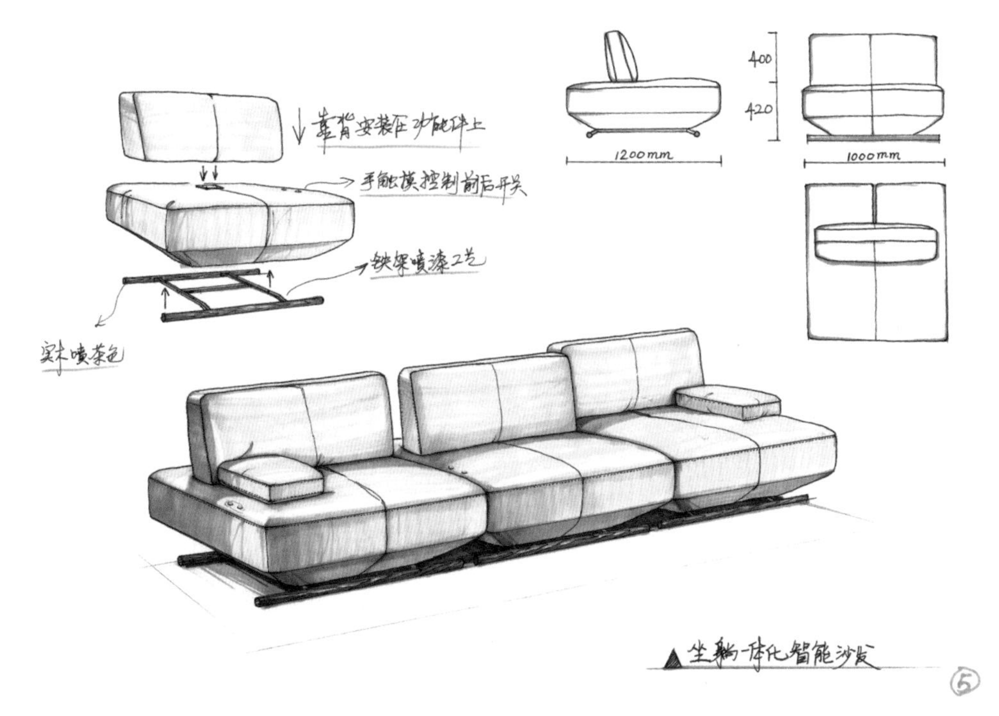

图8-23　多功能沙发前期创意精确手绘草图

三、项目3D建模效果图

运用3DSMAX设计软件，对照精确草图进行更加精准的3D建模和逼真的材质渲染，进一步验证设计方案的外观效果，如图8-24所示。

图8-24　三人位沙发3D建模效果图

四、产品实物照片

产品实物照片如图8-25和图8-26所示。

图8-25　产品实物展示1

图8-26　产品实物展示2

第五节　中端多功能软体家具设计手绘实战项目二

一、项目概况

本项目是广东省知名家具企业佛山市斯高家具有限公司于2018年3月着手设计的家具新产品项目，并于2018年9月顺利投放市场，受到广泛好评。

项目名称：“智能蓝牙音响”客厅沙发家具系列。

家具品类：三人位沙发、二人位沙发、一人位沙发各1件。

终端定价：约2.5万元/套。

市场定位：国内30~40岁追求时尚个性、现代品位的中端收入人群。

使用分析：主要针对年轻家庭客厅开发，满足用户随时用手机蓝牙连接沙发上音响，享受网络无尽的音乐资源。

主要材料：皮革、金属板木及高品质蓝牙音响配件。

主创设计师：陈水术 ——2009年毕业于顺德职业技术学院设计学院家具艺术设计专业。

二、项目前期设计手绘草图

明确设计要求后，开始发散构思，通过设计手绘研究蓝牙音响与沙发的各种位置关系和形态关系，如

图8-27所示。

进一步研究沙发的各种整体形态设计方案，如图8-28所示。

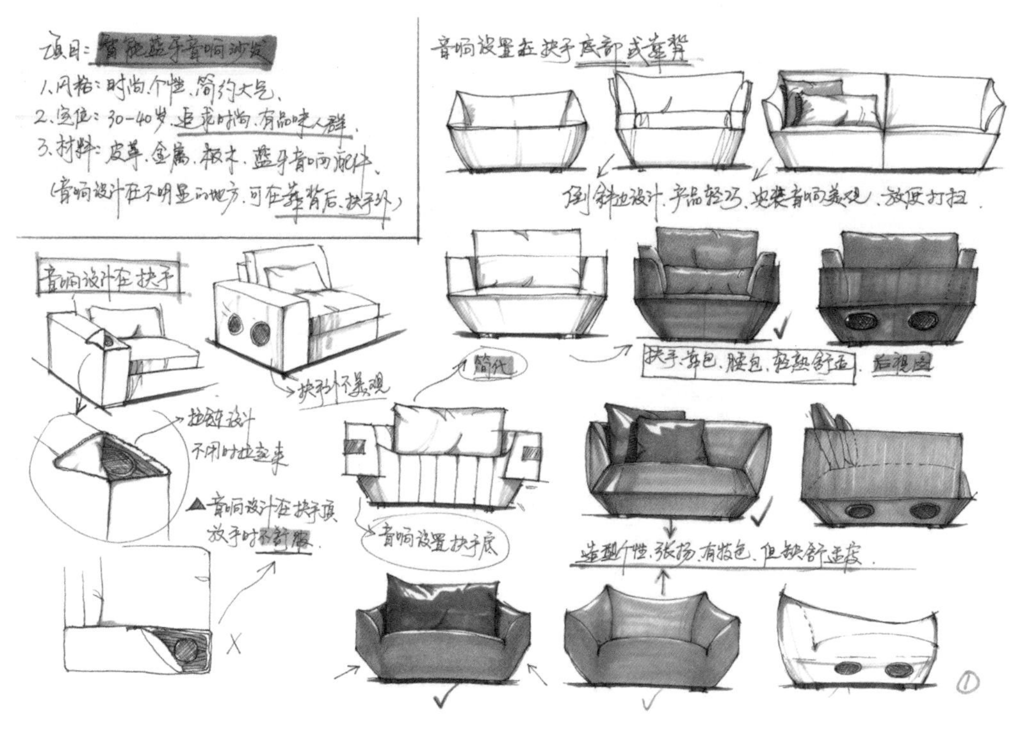

图8-27　前期大量创意构思手绘草图1

图8-28　前期大量创意构思手绘草图2

通过平面视图对沙发靠背和扶手、底座的各种形态细节进行深化设计，如图8-29所示。

通过一组完整且精确的手绘草图表现该系列设计方案的预想效果，透视比例准确，马克笔画色恰到好处，整体画面生动、美观，如图8-30所示。

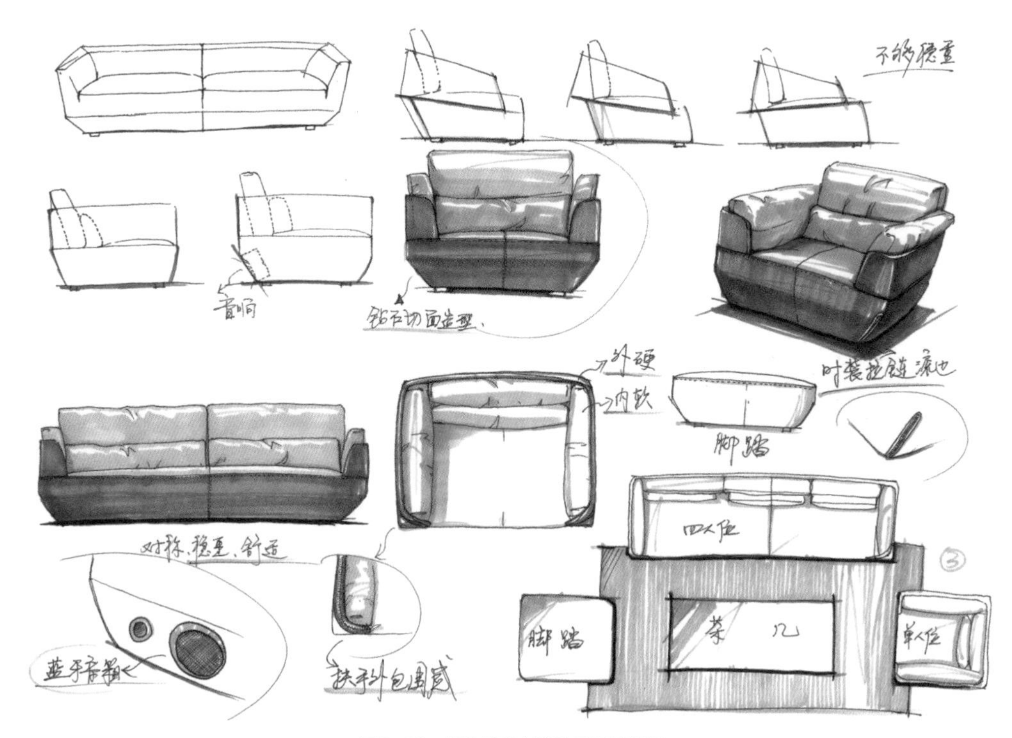

图8-29　深化阶段创意构思手绘草图

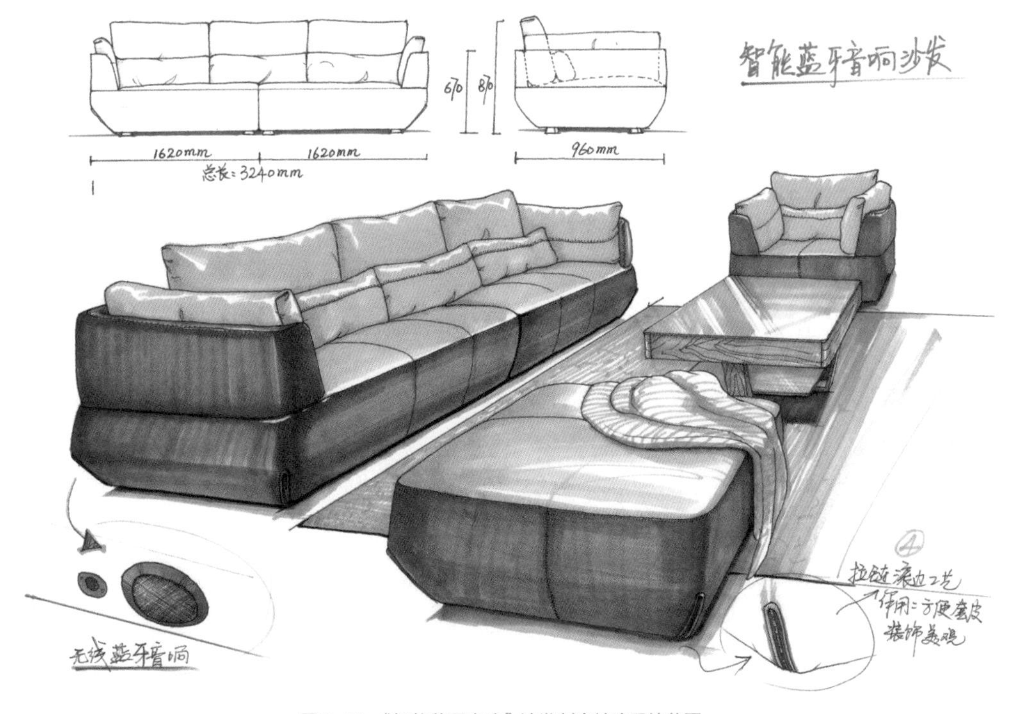

图8-30　“智能蓝牙音响”沙发创意精确手绘草图

三、项目3D建模效果图

运用3DSMAX设计软件，对照精确草图进行更加精确的3D建模和逼真的材质渲染，进一步验证设计方案的外观效果，如图8-31和图8-32所示。

图8-31　单人位沙发3D建模渲染效果图

图8-32　三人位沙发3D建模渲染效果图

四、产品实物照片

产品实物照片如图8-33所示。

图8-33　产品实物展示

作业与思考

1. 请结合本章五个家具设计手绘实战项目案例，简述如何运用“设计手绘技法”有效推演“设计创意思路”。
2. 简述家具实战项目过程中，家具设计手绘表达与3DSMAX设计软件的作用、关系。
3. 任意选择本章一款家具实战项目，动手临摹一次完整的设计手绘作品，边临摹边思考原创者的创意思路是如何展开的，不同的阶段其设计手绘技法又是如何运用的。
4. 选择一款家里自己比较熟悉的家具产品，总结多年来使用它的感受，分析其优点和缺点，然后综合运用所学的设计手绘技法和创意思路方法对其进行重新优化设计或颠覆原设计，完成自己的原创设计手绘草图方案。

参 考 文 献

[1] 刘传凯. 产品创意设计 [M]. 北京：中国青年出版社，2005.

[2] 崔笑声. 设计手绘表达：思维与表现的互动 [M]. 北京：中国水利水电出版社，2005.

[3] 裴爱群. 室内设计实用手绘教学示范 [M]. 大连：大连理工大学出版社，2011.